U0383666

转译与重构

——传统营建智慧的当代实验

Translation and Reconstruction: The Contemporary Architecture Experiment on Traditional Wisdom

中国建筑工业出版社

孔宇航 ┃ 刘健琨 ┃ 著

图书在版编目（CIP）数据

转译与重构：传统营建智慧的当代实验 =
Translation and Reconstruction: The Contemporary
Architecture Experiment on Traditional Wisdom / 孔
宇航，刘健琨著. -- 北京：中国建筑工业出版社，
2024.12. -- ISBN 978-7-112-30520-9

Ⅰ. TU2

中国国家版本馆CIP数据核字第20242Z7T42号

责任编辑：唐　旭　杨　晓
版式设计：孔宇航　刘健琨
责任校对：李欣慰

转译与重构——传统营建智慧的当代实验
Translation and Reconstruction: The Contemporary
Architecture Experiment on Traditional Wisdom
孔宇航　刘健琨　著

*
中国建筑工业出版社出版、发行（北京海淀三里河路9号）
各地新华书店、建筑书店经销
北京锋尚制版有限公司制版
北京中科印刷有限公司印刷
*
开本：787毫米×1092毫米　1/16　印张：13¾　字数：248千字
2024年12月第一版　　2024年12月第一次印刷
定价：**68.00**元
ISBN 978-7-112-30520-9
　（43917）

序 I

理解中国现当代建筑的发展，有两条线索：传统和现代、中国与世界的关系。这两条线索，也是两个问题和议题，不仅存在于中国建筑中，而且在更大层面上，蕴含在文化争辩和社会构建里，并伴随着中国现代化的进程，在不同时期以不同的或相似的面目不断出现。如果说前者几乎是所有经历了现代化的国家和文化面临的普遍问题，也是现代性的根本问题之一；那么后者，在中国尤为突出。从这一点上说，现代中国建筑面对的议题，既是现代中国文化的一种反映，也是中国现代性的一种投射。

中国建筑中传统和现代、中国与世界的关系，隐含了两个层面的问题。一方面，是如何实现中国建筑自身的实践和知识的优化与更新，以更好地回应其所产生的条件，并对社会、文化等产生积极的贡献；另一方面，是中国的建筑实践、思考如何可以对普遍的建筑问题，或知识问题有所贡献，具有跨文化的启示和借鉴意义。对此，我和我的同事葛明教授在2008年策划和组织"AS当代建筑理论"论坛时，有一个简单的概括，即现代性条件下的建筑问题与中国问题。基于同样的认识，《转译与重构——传统营建智慧的当代实验》（以下简称《转译与重构》）在我看来，具有双重意义：应对中国建筑的传承和连续性问题；中国建筑对世界建筑的贡献，或者说对普遍的建筑学，尤其是对形成新的可能的建筑设计范式的贡献。

事实上，在中国建筑的思考与实践中，传统和现代、中国与世界的关系常常相互交织。传统常被看成是在世界版图中定义中国建筑独特性的基础和来源；而世界建筑，尤其是通常被称为的西方建筑，常被视为成为现代的一个参照。而中国建筑作为一个概念出现本身，即是一个现代的命题。如果说，传统的天下观是以中国为中心，那么进入现代以来，一个重大的转变是中国成为世界的一部分，而不再是自以为的中心。同样地，中国建筑也成为多元的世界建筑体系的一分子。可以这样说，古代的中国有的是建筑而不是中国建筑，只有当有了世界建筑的概念，才有了中国建筑。这不是说古代的中国没有建筑的概念、知识和建造方式，而是中国建筑作为一个概念和一套知识的建立，与世界建筑的意识紧密相连，即世界建筑是认识中国建筑或者说中国建筑特色的参照系。对中国传统营建智慧的自觉认识，便是在这种背景下产生的。正因为如此，《转译与重构》跨越古今和中外的论述有其正当性的基础。它不是自说自话，而是以当代建筑学知识为基础，针对其问题，在与之对话、借鉴、反思中进行的探索。

的确，如何认识中国建筑或者说营建的传统，不仅是一个现代的命题，而且是一个当代的命题。传统与现代的问题在中国建筑中盘桓之久，在世界范围内，即便不是独一无二，也相当独特。在长达一个世纪对"中国的+现代的"建筑的不断阐释、重释、争论、解构与重构的过程中，对中国建筑营建传统的认识也在不断变化，对其进行现代转译的方式也在各个时期有所不同。这种不同可以简略地概括为，从"外"向"内"的转变，即从外观形式的仿拟，到内在逻辑和抽象图示的提炼。这个过程也并非是线性，且这个概括有过度简化之嫌。即便在近代，无论是亨利·墨菲（Henry Murphy），还是吕彦直、董大酉、杨廷宝等，都没有将中国建筑传统仅仅放在外观上，但依然有一个认识上的自觉和具体做法中的倾向。《转译与重构》既是在这个历史脉络中的又一次尝试和努力，也是在试图寻找传统与当代人生活方式的结合中，对这一议题的一次拓展。

《转译与重构》没有回避形式问题，但更关注传统营建的思维方式和内在生成机制在当代的重新阐释和运用。其实验的范围从中国传统建筑的构件、空间单元，到建筑组群、聚落，以及独特的空间类型——园林，几乎汇集了曾经讨论的所有议题，但又有着当代的反思和延伸。总体上它的实验有三个特点：

一是以营建智慧为切入点，对于连贯性和系统性的注重。在传统的现代应用中，现当代中国建筑中不乏优秀的案例、天才的个人和卓有成效的探索，但如何将这些探索转化成为可重复、可传授的知识和方法，是《转译与重构》面临的当代问题。与碎片化的个人经验不同，《转译与重构》力图形成从观念、方法、工具，到物质转化、建造和呈现的连贯性。

二是在具体做法上，从抽象层面和物质构造两个层面同时推进，最大限度地避免风格化和符号化的象征手法。在抽象层面，以合院为例。通过对这种源自中国传统空间原型的解析，提取出"井"字形的内在形式结构，以视觉设计中的"过白夹景"为方法，通过对三位当代中国建筑师李晓东、陶磊和华黎的三个作品深入解读，总结出形态同构、解构重组和逆向建构三种方式。如果说德州骑警以九宫格作为当代建筑形式训练的方式，那么与之相似又不同的"井"字形，也同样是一种具有教学意义上的空间原型。在物质层面，《转译与重构》更倾向于建造体系的研究。斗栱的转译即是一例。在此，斗栱不仅仅被看成是一个中国建筑特有的建筑构件，一个文化符号，而且是一种结构方式和建造逻辑：以小构件和材料，通过"层叠式"的方式，形成具有某种形式特征的空间。也正是在这一点上，它可以跨越文化的壁垒，应用在不同的实践中。如可以与数控技术结合，为当代的建造工艺所支持。于是，这个源自中国传统建筑的建筑元素，具有了当代的意义，也成为一种可以在不同文化下适用的思维原型。

三是对视觉和视觉构筑方式的研究。视觉，是一个非常现代性的命题。尽管视觉霸权被作为现代性的一个问题遭到了批判和质疑，但不能否认它是当代文化的一个特点和非常重要的组成部分，也是在既往的研究中，重视不够的方面。不过，在《转译与重构》中来自中国传统文化的景深、游观、造境等，虽然注重视觉特征，却引入了人的身体体验，提示出不同的审美趣味和构造方式。在香山饭店的设计分析中，将形式结构、空间类型与视觉分析相结合，提出了更为理性和更具普遍意义的解读方式，以及设计方法的提炼。对习习山庄深、浅空间的转换研究也具有同样的启示。在表达方面，整本书对于建筑的视觉化工具——图和图解，进行了多种尝试，运用了多种类型的绘制方式，精美且清晰。在此，图和图解不再只是建筑最终结果的再现，而是成为一种研究、推演、思考、表达，将不可视的事物可视化（visiblise invisible）的一种方法。

自近代以来，一直存在一个有意思的现象。诸多在青年时期深入研究，甚至追随西方文化的中国思想者、建筑学者和建筑师，在其成熟的过程中或成熟期后，会转向对中国传统的研究，并以独特的洞见取得了令人瞩目的成就。这种转变成为中国现代文化一道独特的风景线。值得注意的是，他们的传统转向，大多不是怀旧式的复古，更多的是从当下的境遇出发回溯传统的价值，面向的是当下和未来。而对西方文化和建筑的谙熟，使他们得以在世界的版图和视野中看待中国文化、中国建筑和中国问题，也从中华文明的传统中对现代问题有着更深刻和敏锐的认识。孔宇航教授的经历也是如此。早年在中国接受建筑教育，并游学美国，师从著名建筑理论家和建筑师彼得·埃森曼（Peter Eisenman），在美国从事了五年的建筑实践，如今致力于中国营建传统的当代化研究，为当代建筑设计的范式和建筑设计教学，寻找新的可能。《转译与重构》即是这一系列探索和探索意义的一个呈现。

东南大学建筑学院

序 II

他们（欧洲文艺复兴时期的建筑大师）不是文化大海里的盲目漂泊者，他们对于自己的创作有种自觉，他们知道他们的创作与祖先遗产的关系。

——梁思成

现当代建筑的创新发展不仅需要运用新材料和新技术，也离不开对地域传统和本土文化的继承。正如英国建筑历史与理论学者阿德里安·福蒂在讨论亚里士多德的"形式"概念时指出，有机生物与艺术不仅同理念形式相关，更存在于先例之中。就像"人是人生的""房子来自房子"，一件事物总要来自其他事物。艺术作品的创造既需要物质，也需要艺术家的技能和某种认同的艺术传统。[①]而三个最重要的现代建筑大师——赖特、密斯、柯布西耶的经典作品，便是最好的例证。他们不仅运用了当时的先锋美学形式和先进建造技术，也采用了多种历史建筑原型，在解决社会、场地、功能等问题的过程中，融会贯通生成了新的空间与形式范式。例如，密斯在巴塞罗那德国馆的设计中，复合了古希腊米诺斯王宫、辛克尔新古典主义博物馆与府邸、要素主义构成等多种空间原型，以表现魏玛共和国的国家形象；柯布西耶在萨伏伊别墅中则将纯粹主义美学与瑞士湖畔民居、雅典卫城、庞贝民居、帕拉第奥圆厅别墅等建筑原型相结合，探讨了城市中产阶级的新生活模式；而赖特在流水别墅设计里，整合了风格派住宅、威尔士民居、日本园林和茶室的空间原型，创造了兼具东西方意境的退隐居所。[②]这种将现代建筑元素与传统空间原型相结合的方法，让大师们的作品具有了高阶复杂性，并超越某一具体时空的限制，成为永恒的经典。而那些只有简单功能主义、技术工具理性和时尚风格美学的现代建筑，在"国际式"大流行之后便很快迎来了危机。因此，西方从后现代至今的各种建筑思潮和流派，便回归以建筑意义追问为核心议题，而与其密切相关的便是对建筑原型和类型学的研究。

纵览近现代及当代的中国建筑发展，不断有优秀建筑师在创作中积极吸收传统智慧，探索建筑现代性的中国式表达。然而，除了建筑师的实践探索，也需要有学者从设计理论和知识体系的角度，

---

① 福蒂. 词语与建筑物：现代建筑的语汇［M］. 李华，等，译. 北京：中国建筑工业出版社，2018：133-135.

② 参见 UNWINS. Twenty-Five Buildings Every Architect Should Understand［M］. New York: Routledge, 2015. 相关章节的论述.

对该议题进行研究。孔宇航教授新完成的《转译与重构——传统营建智慧的当代实验》（以下简称为《转译与重构》）一书，正是在这方面进行理论探索的重要著作。概括说来，该书的写作包含有双重目标：其一是指向历史的，它以转译和重构为手段，重新认识中国传统营建智慧，并从中寻找符合"现代性"的普适性原则；其二是针对当下的，它尝试建构一种结合中国传统文化的现代建筑知识体系，从方法论层面为当代中国建筑创作拓展认知，并在全球建筑界寻求更大的理论话语权。正是如此，该书对中国传统智慧的讨论不再局限于封闭的文化圈，而是放到了更开放的全球现代性视野之下。或许，我们更应该将《转译与重构》与孔宇航教授之前发表的另一本重要著作《经典建筑解读》放到一起，将两者作为上下卷来阅读。《经典建筑解读》选取了中国以外世界范围内19个现当代经典建筑进行细致分析，研究了这些案例的空间操作与形式生成。具体而言，这既包括平行层化与现象透明的现代空间，也有诗意、人性化设计的有机空间，还有或古典或分形的单元组合，以及内向雕琢的容积规划，等等。[①]由此，该书为我们展现了某种关于现代建筑观念和设计理论的知识体系。而《转译与重构》则像是从中国视角出发，对前述知识体系的发展和补充。它分析了斗栱形式与传统组群的构成原理，解读了合院原型与园居体验的空间价值，还针对水平性、垂直性、向心性与离散性等形式空间观念，进行了当代中国语境下的设计实践探讨。

  《转译与重构》跨地域跨古今的设计理论探索，体现了它对普适性设计原理的关注。或者更准确地说，是对建筑学基础的设计语言的关注。任何学科的重大突破，都离不开其学科基础语言的发展。即便如当下热点的人工智能开发，也需要以计算机语言编程来实现。回顾现代建筑的历史，从包豪斯的构成教学，到柯布西耶的新建筑五点和国际式风格三原则，再到"德州骑警"的九宫格训练和罗西的类型提炼，以及数字化建筑的非线性形态，这些都体现了基础设计语言的研究。尽管当下建筑学的主要议题已从自主性和本体论逐渐转向社会性和全体论，但高品质的建筑创作依然有赖于独特、精准而自洽的设计语言运用。孔宇航教授早年在美国东海岸学习和工作，非常了解柯林·罗、海杜克、埃森曼等人的建筑理论。第二次世界大战后西方的这批建筑师和理论家，以科学理性的精神研究建筑自主性和形式语言规律。这让建筑设计摆脱纯经验感悟的模糊性，成为可以理性讨论与讲授的思维过程，对当代的设计观念和方法影响至深。尽管他们的学术立场各不相同——或坚守人文主义价值，

---

① 孔宇航，辛善超. 经典建筑解读［M］. 北京：中国建筑工业出版社，2019.

或进行解构主义批判，但都是植根于传统文化，从古典主义和文艺复兴的建筑知识体系发展而来。正是充分了解这一点，孔宇航教授在设计理论研究中才更具有文化自觉意识。因此，《转译与重构》可看作是从中国传统营建智慧出发的当代设计语言探索。这种探索并非关注感官层面的浅层语言，而是侧重于以头脑辨别的深层形式结构，甚至涉及有关视觉形而上学的意义追问。正如作者在前言中所明示："转译"不是对中西方古代现代形式语言的简单移植，而是关乎中国建筑形式的当下意义建构。而"重构"的意图在于对流行思潮与惯常思维保持距离，以批判性方法指引创新。

需要提及的是，尽管分析了大量中国传统建筑，《转译与重构》却不是历史理论著作，而是面向建筑创作的设计理论文本。历史理论注重认识论，而设计理论则更强调设计操作的方法论。这使得该书有三个显著特点。首先，也是最具体的层面，该书每个章节的写作，既有设计观念的文本分析，也包含了一系列分析图解，这就展现了建筑思想如何在本体层面落实为自洽连贯的形式、空间、建构设计。其次，该书既关心抽象的理论概念，也注重不同建筑师的个体创意。因此，书中三大篇章可看作是总体理论框架下三类设计师的不同探索，理论思辨篇是在梳理当代中国优秀建筑师运用传统智慧的设计策略；设计研究篇是展现作者作为建筑师的理论性设计作品；而教学实践篇则可看作是天津大学教学团队在设计课或设计竞赛中，带领同学一起探讨转译与重构的可能性。最后，从整体上看，《转译与重构》展现了一种既宏大又包容的叙事架构。一方面，该书表现了作者极具雄心和责任心的努力——从中国传统智慧出发建构当代建筑设计理论体系；另一方面，它又以自下而上的视角，展现诸多设计师的不同探索。因此，该书不是总结当下的权威性理论立法，而是面向未来的启发设计的星丛式论述；是一种可以不断更新，激励后来者持续思考的开放系统。

范路

清华大学建筑学院

前　言

　　纵览中国近现代建筑发展历程，在系统层面有几个关键问题值得深思：为何百年来中国建筑理论与方法大多来自于西方古典与现代建筑体系，而非中国传统营建智慧？为何当下中国建筑会出现国际话语权缺失、文化无根性现象？回溯中国建筑设计理论与实践的进程，伴随着西方观念与方法移植的，却是其与中国传统文化互动、思辨的沉寂，不能明体，便难达用，学科内在性危机逐渐显露。反观当代，中国建筑历史、理论与设计研究三者虽竞相发展却又相对独立，彼此的"割裂"状态加剧了系统构建中国现当代建筑体系的困境。重新审视三者之间的关系，批判地反思固有学科观念，破解学科现状，升华学科内涵已成为某种共识。在中国传统环境观与哲学语境下，古代营建体系在处理建筑、人与环境关系中蕴含着朴素的"现代性"与普适性；古代哲学、艺术、天文、地理与营造术等领域的整体知识架构，为当代建筑转译与重构提供了新的机遇。关于现代性的困惑，亦能从传统智慧中觅得答案。

　　《转译与重构——传统营建智慧的当代实验》源于天津大学与东南大学在研的国家自然科学基金重点课题"基于中华语境'建筑—人—环境'融贯机制的当代营建体系重构研究"。"营建"，取经营建造之意，指广泛的建设活动；而"营建体系"则意指与兴建营造相关的内容按照一定的规则与内在联系组合而成的整体，其内涵丰富而系统，涵盖文化、观念、技艺、运营、参与者等多层次内容。"转译"既非对中国古代形式语言的简单重现，亦非对源自西方古典的现代形式语言的简单移植，前者带有机械的模仿性思维与特征，后者则会出现本土文化的无根性症疾，而是关乎如何在当下语境中对中国建筑形式进行文化意义建构。"重构"的意图在于与时下流行建筑思潮保持一定距离，并对人们长期习以为常的思维定式持怀疑与批判的态度。本书立足于此，意图重拾古代营建智慧，使之在当代语境下重生。以设计的视野重构中国建筑理论，延续文化底蕴，推动本土实践。试图构建根植于中国传统营建文化基因的当代设计范式，升华学术观念与建筑实践。故而，从浩如烟海的中国传统营建史中求得真知；以"转译与重构"为线索进行思辨、解析与实验，分别从"理论思辨""设计研究"与"教学实践"三个层面，探讨古代与当代之间的营建关联，探寻传统精神得以沿承之载体。

• 传统与现代

关于传统与现代、传承与创新似乎是一个永恒的议题，每个国家与地区、每代人均有不同的解读方式与应对策略。在欧洲，从推敲成法的柱式到严谨的拱券结构，从多种建筑形制的发展到《建筑十书》中理论体系的初步建立，古希腊遗留下来的民主精神与科学精神凭借着古罗马繁盛的物质与社会生活达到巅峰，对后世建筑文化的影响深远而巨大，被称作"古典"，奉为"经典"。其历经千年的静默，在"文艺复兴"时期被重新唤起。彼时的建筑因循古典建筑之完美形式，探讨着"美"的定义与规律，同时，随着文化与科学的进步，挣脱了传统社会制度的束缚，萌发出新的建筑形制、空间观、艺术与结构形式等。成就了菲利波·伯鲁乃列斯基（Filippo Brunelleschi）在佛罗伦萨主教堂穹顶设计中以古典为基石的全新创作。

古典文化在被一次次重拾的过程中无可避免地衍生出不同时代与不同地域的特征。但无论衰退、复兴还是分化，古典文化与古典建筑自诞生以来从未走下历史舞台，农耕时代如此，工业时期亦然，古典复兴（Classical Revival）、浪漫主义（Romanticism）、折中主义（Eclecticism）等复古思潮依次登场。第二次世界大战后初期，新建筑运动在工业进步、技术积累与理念革新的推动下产生了无与伦比的创造力。面对建筑功能、材料、结构等多方需求变化，古典建筑已然力不从心，但仍然意图以相对抽象的形式与构成法则承继过去。随着现代主义建筑地位的提升，坚固性与实用性的讨论取代了新与旧的争论，精确而高效的现代建筑形式压倒性地成为建筑设计的核心议题。然而，即使是现代建筑先驱们亦对现代思想中纯粹的机械理性产生了新的思辨：勒·柯布西耶（Le Corbusier）在昌迪加尔议会大厦中采用具有印度地方传统建筑特征的遮阳挑檐，是对乡土传统的回应；密斯·凡·德·罗（Ludwig Mies Van der Rohe）在柏林新国家美术馆中通过玻璃与钢建构出纯粹的结构、空间与秩序，是对于古代强烈纪念性的现代表意，以及对建筑形而上学的精神内涵的独特追求；弗兰克·劳埃德·赖特（Frank Lloyd Wright）通过建筑内外的通透性、结构的连续性、材料的本体性等特征，表达其有机建筑理论中强调建筑与环境整体性的哲学思想；阿尔瓦·阿尔托（Alvar Aalto）在珊纳特赛罗市政厅中以建筑体感呼应意大利城市广场的意蕴，又以红砖材料与坡顶形式传递其乡村聚落的特征，展现其立足民间传统与人性化的新经验主义文化内核。纪念性、有机性与人性化的思考让人们重新审视现代建筑。纪念性作为历史主义建筑的特征之一，常被现代主义者抛弃，却在《纪念性九要点》中为西格弗莱德·吉迪恩（Sigfried Giedion）等现代建筑理论家所重拾，呼吁以现代建筑的方式表达纪念性，从而为现代建筑注入深厚的文化内涵。布鲁诺·赛维（Bruno Zevi）亦提出对现代建筑缺乏传统建筑美学价值与亲切感的质疑。学者们不约而同地强调了"传统"对于"现代"建筑的不可或缺性。

• 传承与创新

至20世纪50年代，"历史延续性"的概念被意大利建筑师埃内斯托·内森·罗杰斯（Ernesto Nathan Rogers）引入，其质疑现代建筑与历史的割裂，强调现代与传统的关联、建筑与既存历史环境的协调。路易斯·康（Louis Kahn）将这种延续性以"古典的秩序观"呈现在其建筑作品与文字中。康接受过较为全面的古典建筑教育，然而其古典性更内含哲学思辨——通过自然的"秩序"实现先验的本质。在理查德医学实验楼中，康通过对管井、楼梯等服务性设施的独立表现与充分尊重，展现了其"服务与被服务空间"的设计理念；通过对称性的空间组织与独立性的空间品质，实现其对古典哲学与功能本质的回归。在印度管理学院中，"想要成为拱"的砖又创造性地与混凝土相结合，低矮砖拱与混凝土梁的组合展现了材料的本质，又带来了古今的碰撞。而从萨尔克生物学研究所面向太平洋的水流，到金贝尔美术馆中对光线的雕琢，康再次表达的是超越物质要素之外的哲学内涵，一种形而上学的理念，一种古典哲学所推崇的永恒的秩序。康在现代与古典之间寻求着微妙的平衡，践行了任何事物都有其不可取代性的秩序观，又在"秩序中创造形式"。

"历史延续性"又以独特的建构方式延展于卡洛·斯卡帕（Carlo Scarpa）的建筑实践中。与康所经历的系统的建筑学教育所不同，斯卡帕的建筑设计中则蕴含了威尼斯手工艺的精致传统与城市肌理的复杂交织。威尼斯双年展售票亭的设计中，结构与节点中清晰可见的材料交接与连接关系仿佛对西方古典建筑中柱式等严谨的结构元素在不同时代、不同方式的再现。维罗纳古堡博物馆著名的"坎格兰德空间"中，不同时期的历史元素交错、编织而共存一处，以一种坦率而直白的方式处理新与旧的关系，让人们在拼贴与混杂中感受到传统的延续与演变。布里昂墓园以精巧的视觉分析联结静思亭、布里昂夫妇石棺、远山、农田与村落，呈现出时空之深度，又以悉心雕琢的细部景观展现出历史的厚重感。斯卡帕虽不曾在国际话语体系中阐释其对于历史的理解，却在其实践中探索着如何在不同的时代赋予传统以新的生命。

阿尔多·罗西（Aldo Rossi）则从存续于历史长河的传统城市中挖掘出其传统肌理的价值以及隐含其中的建筑原则，通过传承由历史中抽象、简化并凝练成的"类型"，将之作为建筑要素组合的结构与秩序。如圣卡塔尔多公墓一般，以其抽象性跨越时间，完成对历史的尊重。

在美国，著名的"德州骑警"（Taxes Rangers）研究小组为建构现代建筑教学体系，通过对经典案例的精读与解析，在理论与方法上建立了系统的认知方式，其影响力波及世界。之后，无论后现代主义、解构主义以及批判的地域主义风潮，均针对该议题进行了理论与实践的回应。而在日本，关于"何谓日本建筑""以什么作为日本建筑的范本"则被不断地追问。近150年来，建筑的"日本特质"在传统与现代之间被反复推敲并逐渐明晰。日本建筑史的系统性研究源自伊东忠太、堀口捨己等人，他们探索了法隆寺、数寄屋与茶室等古代经典对日本现代建筑发展的意义；丹下健三、前川国男等则以奥运与世博场馆等的建造为契机，尝试整合近代建筑追求的功能性、合理性与日本的独特性；黑川纪章与槙文彦则以"灰空间""间隙"与"空间层叠性"等一系列空间操作方法，赋予现代性以强烈的日本在地性特征；安藤忠雄、坂茂等则无意于追求传统建筑形态，而倡导传统文化与高新科技在洗练的场所中融合。日本建筑的现代化进程已然形成了以"空间连续性"与"构造之美"为代表的建筑特征。其他如芬兰的阿尔托、印度的柯里亚（Charles Mark Correa）、埃及的哈桑·法赛（Hassan Fathy）、斯里兰卡的巴瓦（Geoffrey Bawa）等建筑师，均通过各自的实践回应本土传统与地域文化。

相较于西方与日本建筑界对于现代与古典关系认知的长期与系统性延承，在中国，关于营建智慧的当代重构探索虽历经百年，却时断时续，与之一同碎化的是曾经存续千年的中国人的营建观。鉴于此，本书以设计视角，重释历史，挖掘文化渊源；深耕理论，探讨古今之间传承线索与创新潜能。将历史作为开启当代学科建构的密码，寻求传承与创新之间的平衡。

• 历史、理论与设计

在西方，建筑师将古典建筑成就述诸笔端，从维特鲁威、阿尔伯蒂到柯布西耶，纵使经历了从古典到现代的巨变，学科知识仍得以持续并有效地传承。而长期以工匠口口相传为主流的中国营建史，虽成就了辉煌的古代建筑，却在一定程度上滞碍了思想的流传。本书从传统营建案例出发，意图从庞杂的史料之中，破译隐藏于建筑载体背后的古代营建信息，针对当下需求，探求重构路径。

理论建构常始于持续的反思、追问、批判并提出问题，以构筑新的思想与认知，并多以历史为源展开。关于西方建筑理论的研究在中国学术界并不鲜见，探讨中国建筑历史与理论的成果亦不在少数。然而依托历史知识，批判当下现状，并试图挖掘建筑学科内涵的议题方兴未艾。在教育领域，如何在历史视野下构建理论与方法以提升学生思辨能力、批判精神与创新意识仍需不断探寻。理论与实践虽非必然相互依存，然而对传统知识的理解与掌握毫无疑问对指导当下实践具有先导性作用。

揭开当代中国建筑教育与实践的层层面纱，会遗憾地发现其内核并非源自本土文化基因。卢永毅在讨论近现代中国建筑时，认为其是一种再现或折中的艺术，自主革新的探索十分微弱。那么，曾经持续发展几千年的中国营建观念、方法与技术为何湮没于工业文明进程中？如何从中国古代民居、园林与组群中，从建筑与环境的关系中，从具体营造技术中，汲取精华，重构当代设计观与新方法？本书撷取中国传统建筑、园林与技术之典例，试图进行范式重构。

中国传统文化内含融合性、贯通性特质，穷理尽性，中庸制衡，具有极强适应性与包容性。《园冶》有云："巧于因借，精在体宜"，构建基于传统营建知识体系的当代建筑系统亦可巧借西方哲学与现代科学，以达成"宛自天开"之效。本书内容基于作者的学术方向，反复思辨与论证，求解中华传统的现当代性，以获得当下时空中本真的建筑意义，弥补过往之欠缺。传统与现代，理论与实践，中华营建的传统智慧与当代转译将在一次次审视与重构中得以弘扬。

2024年7月　於敬业湖畔

目 录

理论思辨篇

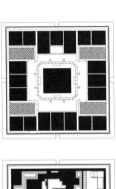 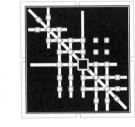 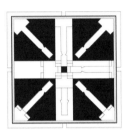

 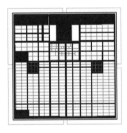 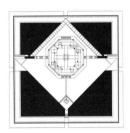

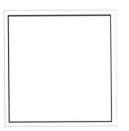 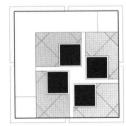 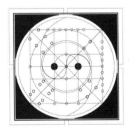

与建筑学科中的纯理论研究相比，本篇的写作思考则更聚焦于设计背后的理论思辨，应该说是精准地对应建筑学科下设的"建筑设计及其理论"方向。与早期出版的两本著作《非线性有机建筑》《经典建筑解读》不同的是，本书指向中国传统营建文化之根，以当代的学术视野追溯古代的营建方式。将历史作为一种设计理论求解的源泉，寻求古今耦合的路径与方法。曾经阅读过一本名为《古代智慧　当代洞察力》(*Ancient Wisdom Modern Insight*) 的书，印象深刻。在各个学科领域中均存在古典的智慧，经过一代代人的修炼升华成为当代的洞见，这也成为不同时代赋予智者的使命。路易斯·康遵循着"古典方式、现代精神"，从而创造出不朽的作品；柯林·罗在现代建筑理论的研究中亦处处透露着其对西方古典建筑理论与作品的精准把控。

　　本篇的宗旨，从设计的视角选取在中国建筑历史演变过程中经久不衰的古典要素、原型与不同类型，如斗栱、合院、园林与聚落等，进行转译与重构。借助语言学的转译方法，运用图解分析与生成方法，寻求其内在空间图式，进行重读、重现、转换与重构。求解古代营建与当代设计之间的协同作用机制与内在耦合机理。其目标是消解当下中国建筑语境下的无根性现状，重续文化基因，从而构建属于中国本土文化的当代建筑范式，并生成具有国际学术视野而又隶属于中华文明语境下的设计理论与方法。

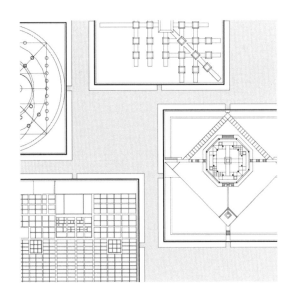

传统营建·当代演绎

　　传统营建体系蕴含的巨大潜能，是推动当代建筑向深度发展的动力；根植于传统文化观，构建本土营建知识体系，建立与国际建筑体系对话的连接机制，则是当前建筑学科发展亟待解决的关键问题。在学科分化日益明显并遭遇发展瓶颈的背景下，传统营建体系作为一个综合决策系统，在未来学科深化过程中寻求新的突破点具有先天优势。针对当下中国传统营建信息碎片化、断层化与系统性缺失等现状与问题，建立传统营建体系集成研究平台，展开可识别设计语言转译；定位建筑语言、工具和方法，重构以物质、能量、形式、气候、身体等为主体的当代建筑知识体系，转变思维方式、优化设计方法，从而构建基于传统智慧的当代可持续发展人居环境模式。整体而言，中国近现代建筑实践的内在参照系基本来自西方建筑学科的知识体系，无论是思维模式、形式系统还是建造方式，均带有其印记，然而中国古代民居、宫殿、寺庙与园林等建筑的成就则源于悠久的营建传统。近一个世纪以来，中国传统营建体系经历了多重形式的解构，无论是20世纪初从美国学成归国的中国第一代建筑学者引进的欧美建筑体系，还是20世纪80年代以来西方建筑思潮的涌入，均是造成中国当下建筑问题的外部原因。而其内在的根本缘由则是中国近现代以来并未真正形成扎根于自身文化传统的自主性建筑理论体系，从而无法抵抗来自外部力量的侵袭。如果从思维模式、形式生成与建造逻辑三个层面探讨当代建筑设计的策略与潜在的可能性，思维模式决定设计起点的指向，形式生成引导整个设计过程，建造逻辑则将设计意图进行物化。对上述层面进行理论与方法上的梳理，则是对现有建筑学科状态的反省（图1）。

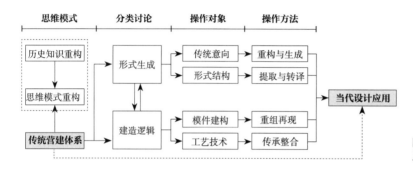

图1　传统营建体系的当代设计应用路径框架

1　历史知识与思维模式的重构

自20世纪20年代以来，中国建筑学界针对传统营建体系的讨论从未中断。梁思成在谈及中国建筑传统与遗产时认为其是最古老最长寿的体系。"埃及、巴比伦、稍后一点的古波斯、古希腊以及更晚的古罗马，都已成为历史陈迹。而我们的中华文化则血脉相承，蓬勃地滋长发展，四千余年，一气呵成"[1]。李允鉌在其著作《华夏意匠》中指出："中国建筑是中国文化的一个典型的组成部分，它一如整个中国文化一样，始终连续相继，完整和统一地发展"[2]17。连续相继地发展可以理解为在同一意念和原则之下由低级阶段往高级阶段的演变。问题在于我们如何去理解该过程，如何清楚和明确地将整个发展的经过真实和正确地表达出来[2]18。在谈及中国古代的城市规划和建筑设计时，他认为除了一般的因素之外，"礼制"和"玄学"是影响中国古代建筑的两种特殊因素。它们支配着建筑的计划和内容、形状和图案，在建筑史上是无法被忽略的[2]39。无论是"连续相继"还是"一气呵成"均证明了中国传统营建体系具有强大和持久的生命力，并且蕴含可被不断挖掘的知识宝藏。从近期学术成果来看，丁沃沃认为"建筑是器"，主要存在价值是"功用"，目的是获取内部空间，核心内容并非"设计"而是建造，其学问囊括了材料、结构、构造与形制等内容[3]。柳肃则认为中国古代没有建筑学，而只有营造法[4]。王其亨发现执掌皇家建筑设计的样式雷八代传人均能娴熟灵活地运用图学语言，包括投影与图像方法呈现其设计理念并指导建造实践。同样是以中国传统建筑为研究对象：无论是关于建造学问的"器"与"营造法"，还是"样式雷"世家的"设计与建造"方法，所得结论看似差异很大，却是从不同的视角阐述了中国的营建传统。

关于历史知识的认知随着当代知识体系的更新与思维方式的变迁在不断更新。当柯林·罗（Colin Rowe）在比较加歇别墅（Villa Gachet）与马肯坦达别墅（Villa Malcontenta）时[5]，与其说是在现代建筑形式中寻求历史的依据，不如说是罗运用现代形式分析方法去重构帕拉第奥（Andrea Palladio）在其别墅设计中的形式逻辑与数理关系。历史与现代知识互为重构、彼此契合的探讨与研究深化了西方现代建筑的历史内涵，明晰了其内在属性，同时亦为其所处的时代打开了与历史对话的通道。针对"中国古代建筑是否经过设计或如何设计"的疑问，天津大学建筑历史研究团队研究清代样式雷世家及其建筑图档，从样式雷设计意匠、风水运作、平格运作、钦准烫样等方面系统地阐述了传统营建方法，亦证明了如何运用当代建筑学科知识去甄别与判断传统营建知识，从而建立历史与当下相关联的话语体系。在如何基于历史知识进行当代重构的探讨中，韩冬青在2016年大学生"清润杯"论文竞赛中以"历史作为一种设计资源"进行命题，期待学生在论文写作中将历史从记忆的存储转化为设计的源泉，从观念、意境、空间、形式与建造等层面探讨未来设计。重构历史知识意味着将历史作为设计构思的原初性指向，并结合当代的文化语境与行为方式进行知识建构与传承，从而形成指导建筑实践的设计方法。

对历史知识的重构是文化觉醒的内在性需求。文艺复兴大师阿尔伯蒂（Leon Battista Alberti）正是通过阅读古代文献和书写论著，使古典建筑的思想与经验转换成了文艺复兴时期建筑发展所需要的新的知识体系[6]13。在路易十四时代，法国皇家建筑学院针对古典主义解释权的问题引发了一场"古今之争"。布隆代尔（Francois Blondel）认为应该遵循意大利人对维特鲁威传下来的古典主义的解释，而克洛德·佩罗（Claude Perrault）则提出法国应该自由地追寻自己的发展路径[7]。他在大胆挑战皇家建筑学院古典建筑美学原则的基础上，提出新的理论学说，开启了西方现代建筑思想的大门[6]15。对比中日两国从古至今走过的建筑道路，两国在工业文明之后均经历过"西学东渐"的历程，双方学者亦进行了"古为今用"的求索，为什么中国的近现代建筑成就未能达到日本当下的高度？笔者以为中国传统营建体系从古代夏制开始，经唐制、宋制直到明制、清制存在一条非常清晰的脉络，然而自20世纪初以来，该线索逐渐变得若隐若现。日本建筑界在这条时间轴上尽管积极地学习与应用西方现代建筑知识，但仍然固守着自身的文化阵地。在吸纳与掌握现代建筑学科知识的同时，从理论、设计研究与实践中对其本土建筑进行改良与优化，使之走向极致从而获得国际建筑界的广泛认可。筱原一男（Kazuo Shinohara）即是众多杰出学者与建筑师的代表之一。建筑理论家托马斯·丹尼尔（Thomas Daniell）在2010年威尼斯双年展上评价筱原可以被认作一个明确拒绝西方影响的关键人物。郭屹民在"从传统到现代"文章中的评述亦非常有见地：

> 重读筱原一男的动机在于其言说与作品背后那种跨越时间存在的结构，在于重新思考什么才是打开形式通往传统再现之门的钥匙……回眸传统而来的筱原一男透过时代的滤镜撼动了日本建筑跨越现代主义的步履，正指明着通往当代的方向。[8]

筱原一男将日本传统作为出发点而非回归点，表明他从事设计与研究的思维指向。从其著作中可以清晰地判断出他对源自西方的现代建筑设计与理论具有深度的理解与掌握，然而其所追求的是基于日本传统文化的现代设计思考与形式操作[9]75。他用"样式"系列呈现不同时期的设计研究，亦是在向日本传统建筑致敬。20世纪50年代的日本与20世纪80年代的中国社会状态具有某种相似之处。两国的建筑界对于西方的建筑思潮与设计方法抱有极大的热情并试图复制与移植。然而筱原一男冷静地将设计思考的始点回归日本传统。当设计过程中的建筑创作主体对原初概念的构思具有明确的指向性时，整个过程及结果亦有了明确的方向。这里的"指向性"并非是具体的物质性需求（如功能、结构、场地与形态等），而是关于内在性知识层面的参照。重构思维模式意味着以批判的视野对当下建筑实践状况及其相关思想与价值取向进行审视与诊断，对习惯性设计思维方式进行挑战与解构，进而为当下的中国建筑学科构建具有根属性、连续性、系统性的认知模式，从而引领未来设计之路。

2 形式生成的意向与转译

在当代设计的求解过程中，建筑的形式生成需根植于传统的沃土中。中国传统建筑形式在外部呈现与内在逻辑两方面皆形成了具有长久生命力的范式，为设计的形式生成寻源奠定了基础。然而具体到操作层面，由于缺少系统的认知与转译工具，建筑教学与实践中虽不乏具有先锋性与实验性的佳作，但并未形成可持续的方法与理论体系。反观西方建筑学界，自文艺复兴以来，关于形式生成的研究已形成一套相对成熟的理论与方法。其中关于形式的外部呈现与内在逻辑的辨析对当下中国建筑发展具有重要的指导意义。托马斯·施密特（Thomas Schmid）明确指出建筑形式自身并不是一个无"所指"的"能指"，任何建筑材料和它的构成形式自身都自明地表达其内在逻辑[10]。卡尔·波提舍（Karl Botticher）在论述建筑的艺术形式与建构形式时提出建筑师应从分析社会与自然的作用力入手，而非先在大脑里构建建筑模型；需求决定平面、屋顶与竖向支撑[11]。形式的内在结构与外部呈现互为表里，构成形式的内涵，根植于传统的当代形式生成方法，亦应从这两方面展开。

从创作主体的角度而言，当设计者在接受一项任务时，其思考方式可分为预设型构想与生成型操作：预设型构想具有明确的意向，如经典建筑范例、生物形态或是具有深刻记忆的艺术形式等。在求解的过程中，设计者会进行意向型目标搜索与锁定，并在作品中呈现；而生成型操作则是在设计之初以抽象的方式选取生成元，如欧式几何、城市网络、生物基因等并不断发现新的线索，最终成果是形式生成的集成信息的物化形式（图2）。下文将结合案例分析从传统意向与内在结构两个层面展开讨论。

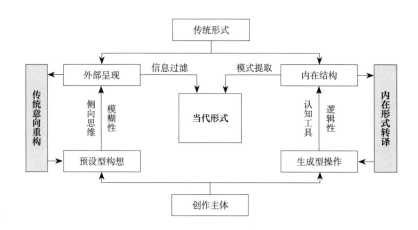

图2 形式生成的意向与转译框架

2.1 传统意向重构

在建筑语境中，意向设计可以被理解为以某种具体的形象作为设计构思的起点，设计者通过过程操作，将相关知识与信息进行过滤与筛选，继而进行重构与物化。以传统的形式意向（外部呈现）作为形式生成的依据，在保留显性特征的同时，将其有机结合在设计过程中，最终呈现的形式既解决了各种问题又达到预设的意向。这种以传统"意向"为线索的设计方法，不仅在视觉图景上将传统与当代进行关联性解读，亦运用当代设计知识赋予传统形式语言以新的表现方式。

关于意向设计，东南大学陈薇曾经进行过为期十年的教学实践。她将意向设计指向概念性主题，强调认知活动的灵感突发性、模糊性，并指出认知主体的发散性思维、侧向思维和直觉思维所发挥的作用。在其"历史作为一种思维模式"的教学理念指导下，以传统建筑语言、传统民居创意表达、传统园林构成要素进行命题[12]。在西方建筑理论与方法大量涌入中国的20世纪90年代，该教学模式无疑是持有批判精神的探索。意向设计还涵盖了设计者在原初构思阶段的显性形式指向：如路易斯·康在其建筑构思过程中指向欧洲古典建筑形式；贝聿铭在设计法国卢浮宫扩建项目时采用金字塔具象形式，并进行虚实反转与尺度缩放使其有机地融入场所之中（图3）；柯布西耶在朗香教堂设计过程中将纽约长岛螃蟹壳的形式运用到其屋顶形式生成中。需要指出的是，意向设计并非是符号的拼贴式"引用"，而是将形式意向结合系统设计方法，反复推敲、整体优化，融合到设计系统中。

以传统意向为出发点的当代形式生成的实践案例中，建于20世纪80年代的何陋轩堪称经典范例。从平面布局看，3个均质的矩形彼此错位，旋转、搭接形成高低错落且连续转动的平台作为底界面，在此之上采用三间四进的间架布局进行空间定位。其屋顶形式则取自江浙民居，冯纪忠先生将弯曲的弧脊作为意向演绎至围墙、檐口和护坡之中[13]。曲径、弧墙进一步界定了外部空间。规则的柱网、茅草屋顶与优美的自由曲线墙体回应了建筑师心中关于童年时期"竹构棚屋"的形式指向（图4）。受过西方建筑教育的冯纪忠无疑对现代建筑的基本要义十分明晰。在何陋轩的设计过程中，冯先生运用现代的设计方法寻求并升华了传统民居的营建智慧与场所精神，从而创造了一个将传统与当代有机结合的典范。

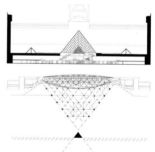

图3 卢浮宫扩建项目图解

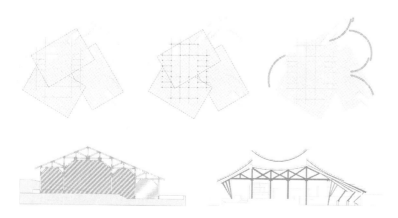

图4 何陋轩形式生成图解

2.2 内在结构转译

　　抽象的形式结构生成方法则代表更高层次的设计智识，可感却不可见。若论形式的内在结构自主性研究，彼得·埃森曼（Peter Eisenman）无疑作出了重要的学术贡献。在设计维克斯纳视觉艺术中心（Wexner Center of Visual Art）的过程中，他提取了城市与校园在历史演变过程中形成的两种方格网（偏差12.25°）作为图解生成原型，同时运用基地考古学方法发现曾经存在于基地中20世纪50年代被炸毁的军火器械库，通过解构、移位、再现一系列操作方法实现了建筑在城市与校园不同尺度以及纵向性历史维度的多重解读[14]（图5）。

　　形式的内在结构逻辑可以从平面、立面与剖面的数理关系与群体空间组合关系两个层面展开。关于中国建筑形式生成逻辑的探究始于陈明达对应县木塔的比例与模数分析，此后诸多学者按图索骥从单体设计、群体组合乃至都城布局进行了探讨。中国传统建筑的间架体系奠定了其平面布局多样性的基础，通过调整柱距与减柱造，可以形成不同的平面布局与建筑类型。

　　分析内在形式结构需要运用几何图解作为工具，获取原型，进而探索生成方法。以合院为例，云南大理汉风坊院的平面布局可被抽象为九宫格原型。在方形几何中，井字网格既强化了坊屋与耳房之间的对话，又呈现出中心院落作为礼仪性与日常生活空间的需求。其中，主坊通过增加步架扩大了坊屋的进深并拓宽了檐廊空间，同时在水平和垂直维度上凸显其主导地位（图6）。作为住宅原型的汉

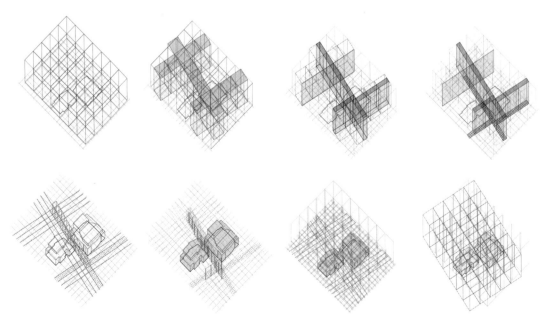

图5　维克斯纳视觉艺术中心图解

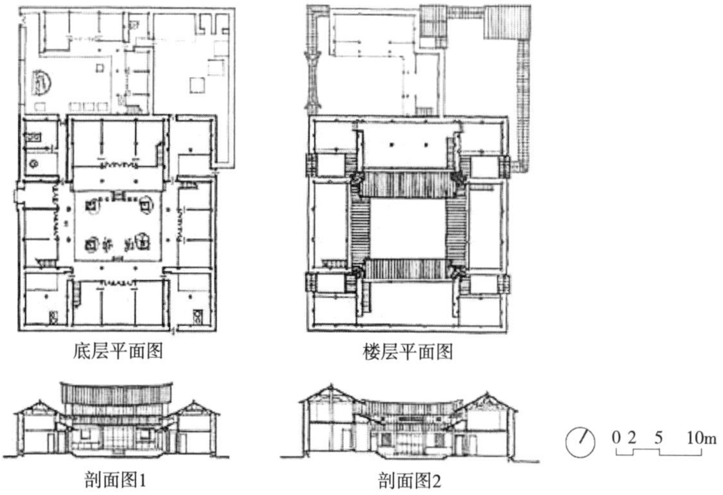

图6 剑川金华二街71号前院各层平面图及剖面图

风坊院，其严谨的空间布局、内在结构、生成逻辑完全可以与帕拉第奥的圆厅别墅相媲美，对于中国未来“宅形”内在形式结构探索提供了坚实的平台。四合五天井的空间布局，以及四分法的形式图解暗含在合院历史演化的进程中（见《合院原型·范式重构》一文）。正如意大利文艺复兴时期的建筑师在“以人为中心”的价值引导下，将设计源头指向古希腊、古罗马建筑遗迹，从而缔造了建筑史上辉煌的成就。当代中国建筑创作在形式问题的探讨上，亦应将设计原点指向悠久的传统并结合当代人的生活方式进行创作与求索。无论意向设计还是内在形式结构与数理逻辑求解，传统营建形式均有很大的潜力可以被挖掘、提炼、转译与应用。事实上当讨论现代建筑几位杰出大师时，无论是勒·柯布西耶、密斯·凡·德·罗，还是弗兰克·劳埃德·赖特、阿尔瓦·阿尔托与路易斯·康，他们的作品信息在传播过程中被进行了过度的现代性解读。仔细斟酌，又有哪一位建筑师在其建筑形式生成过程中没有关于历史与传统的指向呢。

3 建造逻辑的承继与推演

安德烈·德普拉泽斯（Andrea Deplazes）以古罗马双面神“杰纳斯”作比，阐述设计与建造之间的相互联系与影响[15]。建造界定空间并使形式物化。尽管中国古代营建系统中没有西方古典时期建筑师群体的称谓，然而关于设计的学问却源远流长，并潜移默化地指导着建造的整个历史进程。若论建造方式更是一个系统且充满智慧的存在，不仅以有限的资源条件解决材料之间的连接问题，而且建筑最终形式真实地呈现出其内在建造逻辑与空间设计句法，精湛的建造工艺亦有所传达。然而在中国现代化的过程中，传统的建造方式、工匠精神却未被有效地继承与弘扬，间接导致设计与建造关联性日渐式微。如果将中国传统建造方式进行当代演绎，并从模件、建构、工艺与技术等方面探索其当代传承、推演的方法，对推动设计的深化研究将产生积极的导向（图7）。

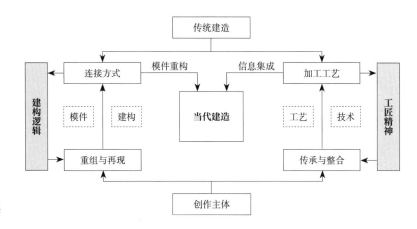

图7 建造逻辑的承继与推演框架

3.1 模件重组与建构再现

德国学者雷德侯（Lothar Ledderose）将中国建筑文化最根本的规则归结为模件应用[16]。从构件到框架体系再到建筑单体，人们利用模件创造出丰富的形式与空间。模件并非作为标准节点或单元被简单复制，而是遵循相关的建构逻辑进行重构。这种弹性特征为模件的当代应用提供了可能性。模件重组既涵盖模件自身的独立重构，同时又包含模件间的多重组合，其目的在于解决实际建造难题、营造新的建筑空间与形式、促进传统文化基因的当代传承并形成自身的营建语言系统。尤恩·伍重借助中国传统屋架的建造逻辑，解决设计悉尼歌剧院壳体屋顶的建造难题[17]。由于当时浇筑技术难以达到对壳体屋顶的建造要求，受中国模件组合方式启发，伍重运用"层叠"式建构思维，对横梁进行错位叠加搭接以实现弯曲屋顶的建造，在形式呈现上亦满足屋顶曲线弧度灵活多变的需求（图8）。

如果说伍重是以《营造法式》中的建构逻辑为参照解决实际建

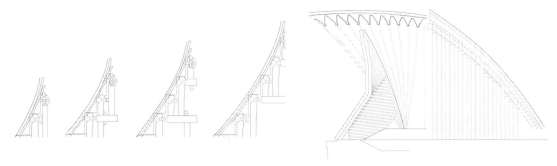

图8 悉尼歌剧院屋顶建造与中国传统建造关联性图解

造问题，高松伸（Takamatsu Shin）则是以传统营建模件为参照，探究具有传统文化基因的建构形式与空间意向。在实验性方案"大莲宫"（Dairengu）设计中，他试图对"层叠"式木构架进行重构。首先将模件翻转倒置，保留层叠屋架建构逻辑并对其简化，建筑主体延续木梁层叠搭接方式并逐层外挑，形成具有向心性的"倒锥型"形式（表1-a）。较之传统模件系统，重组使空间从封闭走向开放。构件在承担结构作用的同时亦界定空间界面，构件间的横向"间隙"在消解界面厚重感的同时使内外空间相互渗透。斗栱可视为屋架的分形形式，上下两端依据受力点不同形成的"伞状结构"[18]。在一定程度上大莲宫构架体系与斗栱构件组织方式亦具有内在关联性。高松伸并非对斗栱模件进行直译，而是延续传统"层叠"式营造思维，使构件之间自下而上层层累叠，并在水平与垂直两个向度组合、延伸，从而将斗栱从多重并置的微观"结构—空间"体系转变成能够供人使用的空间系统。

建造逻辑的表达在于运用清晰的结构指向对应的形式，构件之间交接明确合理[19]。传统建筑形式、空间呈现与建造系统相互契合，建构的艺术性处理对形式呈现起到促进作用的同时并传递其内在的文化内涵。模件组织蕴含着成熟的建构逻辑，在对其重组过程中设计师将隐匿的建构逻辑显现化，以强化传统建构形式的当代再现，并传达传统文化的深层记忆。

3.2　工艺传承与技术整合

建造不仅体现对建构逻辑的思考，同时与工艺紧密相关。建造工艺包括审美感知、形式表现、加工建造三部分[20]。传统工匠手工艺建造在工艺美学、节点设计、技艺运用方面均对当今中国建筑界具有启示意义。工艺再生承继传统智慧，结合当代建造技术，在进一步提升建造品质与效率的同时，延续工艺文化记忆，并传承工匠精神。

"榫卯"作为中国古代木构文化形制与工艺的集中体现，应用于斗栱、鲁班锁等模件加工过程中。构件彼此间严丝合缝的特性既体现审美层面的艺术性，亦传达工艺的精致性。榫卯方式作为工艺在当代建造方式上仍可以新的方式再生与呈现。基于对传统工艺的研究，隈研吾在米兰Cidori方案中以榫卯连接方式为切入点，对构件进行组装，依靠木条的转矩而不断延展，不借助一钉一扣，依据受力分析及使用需求对模件进行加减法处理，形成具有当代性的有机形式与空间。该方案通过榫卯工艺隐匿构件间的连接方式，从而将使用者关注焦点转移至构件组合的精确性与连续性上。传统建造工艺基于手工操作，工匠以直觉的方式通过模数设定解决加工过程中构件的误差问题[21]；在当代，随着对建造工艺的要求不断提高，构件需借助机械工艺方能被精确地加工与组装，而正是对建造精确性的诉求召唤工匠精神。另一层面，较之机械制造的巨型尺度，构件模件的复制叠加使建筑具备手工艺操作的尺度优势，模件集合作为更加近人、开放的系统，通过对其的增减亦能实现自由如云的建筑形式[22]（表1）。

传统模件重构图解表 表1

案例	原型	重组图解
 （a）大莲宫	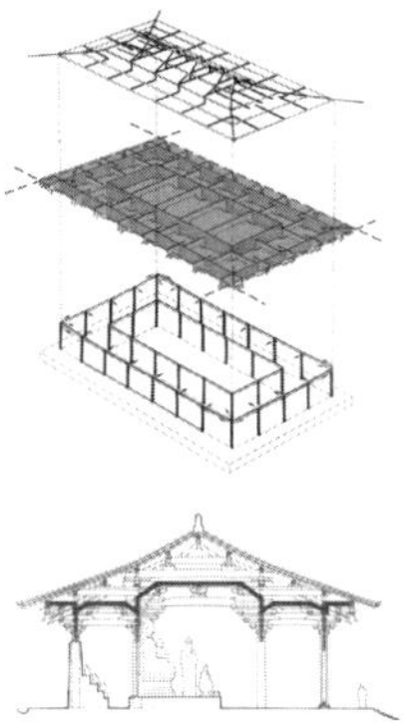	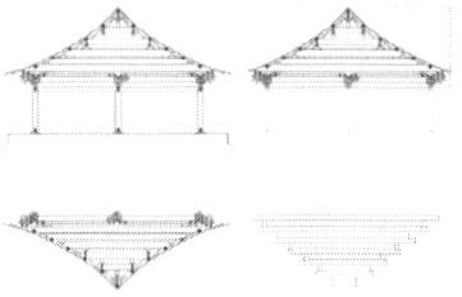 （i）翻转倒置
 （b）梼原木桥博物馆	（f）层叠系统	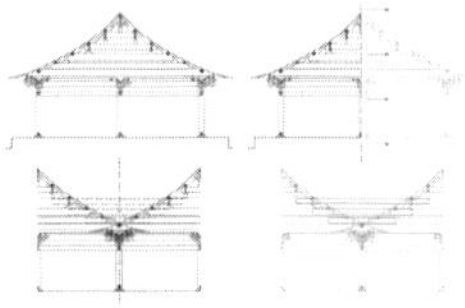 （j）切割位移
 （c）能势妙见山信徒会馆	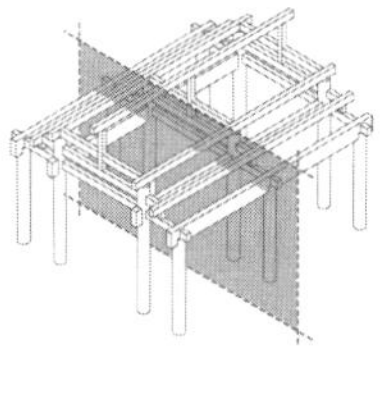 （g）连架系统	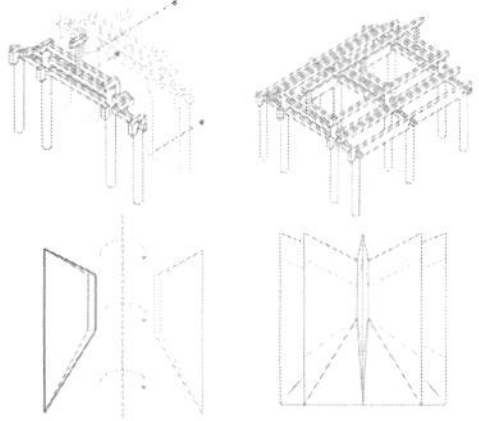 （k）旋转复制
 （d）米兰Cidori艺术装置	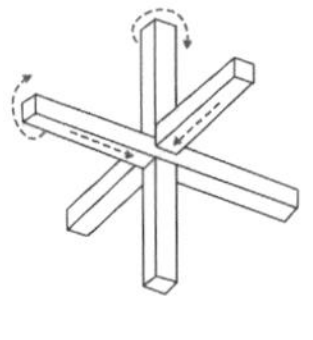	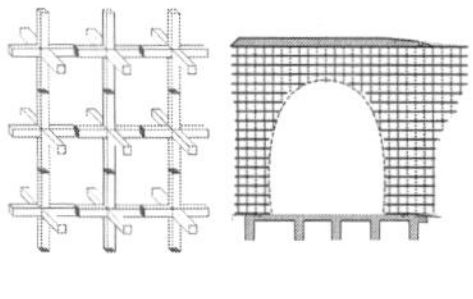 （l）模件增减
 （e）星巴克咖啡太宰府天满宫表参道店	（h）构件系统	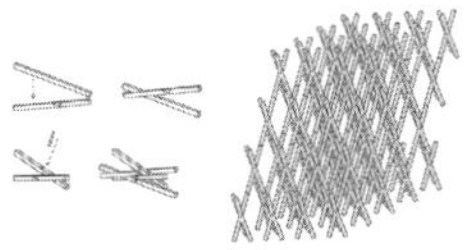 （m）变形搭接

30

在数字信息技术背景下，对建造工艺的探索更为迫切。基于对传统建构逻辑与数理关系的编程，构件连接通过程序调整使其具备灵活性与可持续性。数控建造技术解决了人工无法企及的技术整合难题，并利用批量定制化加工，重塑传统木构建造技术，解决复杂性建造问题。在传统手工艺操作中，工匠结合经验、记忆进行具体操作。一方面，工艺信息在工匠自身内部的传递使得建造形式在建构层面具有差异性；另一方面，工匠不断追求精湛工艺以实现自身价值，工匠精神得到彰显与传承。在数控建造中，信息输入使传统建造依靠人的知觉经验积累的隐匿信息显现化，不仅使建造工艺由"闭源"走向"开源"[23]，同时对工匠精神的传承以及设计与建造过程中的共享、协作起到积极作用。

在当代，也许以木材为主体材料的建造并不常见，但是古代人运用建构思维所从事的建造方式、逻辑系统、结构体系、以模件为单元的制作与组合方式、细部加工工艺与精心雕凿的工匠精神是当代建筑师承继的宝贵财富。建筑作为一个实体的存在，永远脱离不了建造的事实。可惜的是，设计与建造脱离的现象是不可辩争的现实。在信息时代，虽然数字设计与建造已然实现，而传统的建构方式与工匠精神仍可以发挥其内在的潜能。

4 结语

筱原一男曾经写过这样一段文字：

"去往奈良西边一座寺庙的路上，我沿着倒塌的土墙走着，忽然一种久违的'日本的时间和空间'呈现出来，触动了我的感情，一下子让我停下了脚步。北边日本海沿岸的渔村，暴露在风雪中的两户人家的板墙之间形成了狭长的矩形，在这个视野范围内，一条水平线正好将这个矩形划分为两片蔚蓝——天空和大海，由于人类建筑的架构才使得这样的自然之美得以形成。"[9]14

正是他年轻时在充满家园情怀的小路上重新产生某种久违的感悟，并对"日本的时间和空间""人类建筑的架构"与"自然之美"的强烈意识使得其对日本现代建筑的发展独辟蹊径，从而走出了一条独特的建筑之路。

当将视角重新聚焦传统时，并不意味着毫无选择地复制传统，或仅以某种表象的方式呈现传统，而是以当代的视角寻求根植于传统营建智慧中的内在生成机制，并进行当代演绎。讨论的前提则是基于对传统与现代两种形式语言的深度把控。关于形式生成与建造逻辑的解读与转译既是一种尝试性操作，亦是深度的探讨与研究，其目的是将传统与当代进行某种叠合，选取其合理内核，从而促进当代中国建筑设计向更高层次递进。传统与现代，营建与设计，前者代表的是时间维度，后者则是观念与方法的表述。在建筑学知识体系中，两者皆为永久性的命题。在时空之间建立对话，关键在于思辨者的智识。当代建筑创作主体必须透过重重迷雾看清事物存在的内在规律与生成逻辑，以传统为起点并将其指向未来，从而谋求文化复兴。

图片来源：

图4：改绘，底图源自参考文献［14］

图6：云南省设计院. 中国传统民居系列图册：云南民居［M］. 北京：中国建筑工业出版社，2017：66.

图8：改绘自参考文献［18］

表1中图a：株式会社高松伸建筑设计事务所官网

表1中图b、d、e：隈研吾建筑都市设计事务所官网

表1中图f、g：改绘自阵明达. 中国古代木结构建筑技术（战国—北宋）［M］. 北京：文物出版社，1995：95.

表1中图i、j：改绘自梁思成全集：第七卷［M］. 北京：中国建筑工业出版社，2001：418.

其余图片均为自绘或自摄。

参考文献：

［1］梁思成. 我国伟大的建筑传统与遗产［J］. 文物参考资料，1953：10.

［2］李允鉌. 华夏意匠［M］. 天津：天津大学出版社，2005.

［3］丁沃沃. 回归建筑本源：反思中国的建筑教育［J］. 建筑师，2009（4）：85-92.

［4］柳肃. 营建的文明——中国传统文化与传统建筑［M］. 北京：清华大学出版社，2014：3.

［5］ROWE C. The Mathematics of the Ideal Villa and Other Essays［M］. Cambridge, MA: MIT Press, 1976:1-28.

［6］卢永毅. 当代建筑理论的多维视野［M］. 北京：中国建筑工业出版社，2009.

［7］马尔格雷夫. 现代建筑理论的历史：1673-1968［M］. 陈平，译. 北京：北京大学出版社，2017: 13.

［8］郭屹民. 从传统到现代——再读筱原一男的动机［J］. 建筑学报，2014（5）：83-88.

［9］筱原一男作品集编辑委员会. 建筑：筱原一男［M］. 南京：东南大学出版社，2013.

［10］周剑云. 自主的建筑形式——简介《建筑形式的逻辑概念》［J］. 世界建筑，2003（12）：80-81.

［11］米切尔·席沃扎，赵览. 卡尔·波提舍建构理论中的本体与表现［J］. 时代建筑，2010（3）：142-151.

［12］陈薇. 意向设计：历史作为一种思维模式［J］. 新建筑，1999（2）：60-63.

［13］赵冰，王明贤. 冯纪忠百年诞辰研究文集［M］. 北京：中国建筑工业出版社，2015：131.

［14］孔宇航，辛善超. 经典建筑解读［M］. 北京：中国建筑工业出版社，2019：41.

［15］德普拉泽斯，等. 建筑建构手册［M］. 任铮钺，等，译. 大连：大连理工

　　大学出版社，2007：11.

［16］雷德侯. 万物：中国艺术中的模件和规模化生产［M］. 张总，等，译. 北京：生活·读书·新知三联书店，2005：4.

［17］裘振宇.《营造法式》与未完成的悉尼歌剧院——尤恩·伍重的成与败［J］. 建筑学报，2015（10）：18-25.

［18］埃森曼. 建筑经典：1950～2000［M］. 范路，陈洁，王靖，译. 北京：商务印书馆. 2015：37-58.

［19］HARTOONIAN G. Ontology of Construction [M]. Cambridge: Cambridge University Press, 1994: 81-90.

［20］韩慧卿. 建筑的精致与精度［J］. 新建筑，2009（5）：88-90.

［21］张十庆.《营造法式》材比例的形式与特点——传统数理背景下的古代建筑技术分析［J］. 建筑史，2013（1）：9-14.

［22］隈研吾. 材料的建构——中国的建筑［J］. 城市·环境·设计，2012（7）：142.

［23］VINCENT I T M. Mereology A Study of SunnyHill, Minami-Aoyama Tokyo, Japan Kengo Kuma [D]. Los Angeles: University of Southern California, 2017.

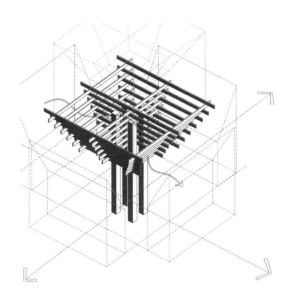

斗栱形式·古今耦合

在中国近现代建筑发展过程中，作为传统建筑的重要结构构件，斗栱的可转译性被严重低估。梁思成将斗栱视为传统建筑的重要"词汇"；林徽因将传统建筑分解为五类关键要素：屋顶、斗栱、色彩、台基、平面布局。作为连接构件，斗栱不仅具有合理的内在结构、巧妙的连接方式，还隐含着丰富的平面构成与微观空间组织雏形。

斗栱与西方古典柱式中的柱头部件均为承重构件，却有着截然不同的建造逻辑。西方古典柱头作为整体被视为单一要素，而斗栱则可被拆分，内含"要素"与"组织关系"的深层逻辑，为其形式转译提供了多重可能性（图1）。此外，在某种意义上，斗栱既是构造性的，亦是建构性的。赖特能将其早年所熟悉的"福禄贝尔积木"有效地转化为现代建筑形式，有效地证明了从构件组合到形式生成转译的可行性。毫无疑问，由多个木构件组合的斗栱，作为当代建筑形式生成的原型存在无限的可能性。

也许是源自西方的现代钢筋混凝土材料与多米诺空间结构体系（dom-ino）的广泛使用使得斗栱转译陷入某种困境，然而在当代语境下，对其重新审视与拆解，会产生一系列有价值的形式推演。文章在对"斗栱"进行历时性演进过程梳理的同时，试图从其内部建构逻辑探讨其如何在形式生成、空间操作、建造方式等方面进行推导，挖掘其隐含的空间和形式潜能，并选取合理内核进行有效转换。

传统斗栱的现代转译一直是建筑学界讨论的问题之一。在理论层面：张镈等在《关于建筑现代化和建筑风格问题的一些意见》中提出，要吸收古代善于运用简化的构件创造丰富多彩的形式[1]，并在其实践中将斗栱的简化作为重要的创作手法之一；在王大闳的建成作品中，檐口部位的处理一定程度上可以解读为以抽象化的手法映射了传统斗栱意匠[2]；李允鉌则认为斗栱是一组"优美的空间结构"，说明其具有潜在的空间特质[3]；王昀以《营造法式》所列之斗栱为原型，将层叠的构件搭接转译为现代空间体系[4]；王方戟等在《佛光寺东大殿结构特征》中以现代设计的思维论述了斗栱柱式对空间营造的影响，并提出了佛光寺东大殿装饰及结构的关系可以成为当下实践之参照[5]。王倩通过力学图解的推演找形，基于斗栱层叠力学逻辑初步对其进行了形态重塑[6]。

在实践层面：从中国早期现代建筑的"固有式风格"到"新民族建筑形式"设计浪潮，斗栱成为一种"符号"，以具象的形式作为装饰要素出现在立面设计之中，其"转译"方式停留在表象层面。20世纪80年代，伴随着地域主义思潮、建构理论的传入，促使一批建筑师试图重新定义斗栱的"现代性"。一方面，众多实践以"隐喻"方式进行各种回应；另一方面，斗栱逐渐从微观结构部件拓展为形式、空间与结构生成的原型。冯纪忠（1987年）设计的方塔园入口，钢柱与屋顶之间的钢桁架在面宽方向呈人字形的斜撑构件组合方式呈现出斗栱意向[7]；何镜堂（2010年）设计的"上海世博会

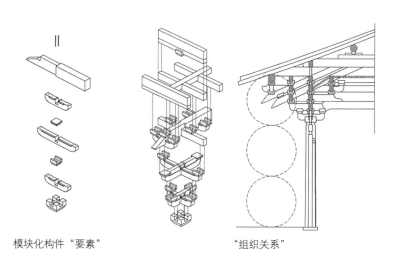

模块化构件"要素"　　　　"组织关系"

（a）斗栱柱式

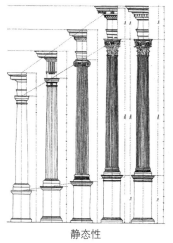

静态性

（b）西方古典柱式

图1　西方古典柱式与斗栱柱式对比

中国馆"巨型的倒锥形态与结构关系呼应了传统斗栱形式；张锦秋（2011年）设计的"长安塔"以"材料置换"的方式对斗栱进行转译；崔愷（2013年）设计的"重庆国泰艺术中心"，由大量的线性杆件相互穿插、悬挑、层叠，在形式上意译了传统"斗栱"的建造逻辑。近几年，诸多学者试图从结构关系、传力机制等层面对斗栱的当代应用进行探索。

日本建筑界关于斗栱的应用实践亦持续存在于现代建筑发展历程中。早在20世纪80年代之前，矶崎新（Arata Isozaki）设计的"涉谷计划—空中都市"（1959年）、菊竹青训（Kiyonori Kikutake）设计的"京都国际会议中心"（1963年）、川岛甲士（Kawashima Koji）设计的"津山文化中心"（1965年），便将斗栱形式作为生成的原型，为日本现当代建筑探索提供有益的线索。安藤忠雄（Tadao Ando）（1992年）设计的"塞维利亚世博会日本馆"，隈研吾（Kengo Kuma）（2015年）设计的"梼原木桥博物馆"等，从建造逻辑、结构空间等层面对斗栱进行了转译，形成了一批具有国际影响力的建筑作品。

总之，斗栱如何进行现代转换一直是中日两国所共同面对的议题，无论是作为装饰性构件，还是独立结构支撑结构体抑或巨型空间架构，一批学者与建筑师均在持续探索其转换的可能性。

1 历史原型与演变进程

1.1 原型研究

如果观察树的形态与结构特点，则可以推测斗栱的形式与树的结构方式具有某种类似性。若将浓密的树冠隐喻成屋顶，那么传统建筑中的柱、斗栱、屋架则是对树形的理性提炼与抽象表达。对斗栱结构的研读亦会使人联想到"伞"的结构方式。若将伞面隐喻成屋面，那么传统建筑中的地基、柱、斗栱、屋架则依次对应伞柄、伞杆、伞短骨、伞长骨。当撑开伞时，短骨被推向顶端，以"出挑"的方式支撑着长骨，此刻短骨与斗栱具备相似的结构作用（图2）。伞独特的结构原理不仅回应了传统木结构柱式，也被用于隐喻现代建筑中的悬挂结构体系。密斯·凡·德·罗（Ludwig Mies Van der Rohe）对勒·柯布西耶（Le Corbusier）的多米诺图解的去中心化、水平、连续空间的批判，促使其重新思考西方柱式的潜在价值。在范斯沃斯住宅（Farnsworth house）设计中，密斯将柱子置于梁板等水平构件的外侧，屋顶悬挂于梁下，形成了独特的受力结构体系。彼得·埃森曼（Peter Eisenman）将其解读为"伞形图解"（the umbrella diagram），"在这种隐喻性的伞形图解中，屋顶及其附加的柱子似乎盘旋在建筑基座上方"[8]。可以说，"发散、出挑、悬浮"等是伞形图解的共同特征。

（a）树形结构

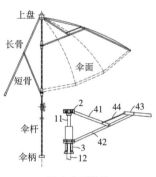

（b）伞形结构

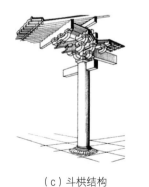

（c）斗栱结构

图2 树与伞、斗栱的结构的类比

斗栱从简约的"单斗只替"到复杂的"八铺作",虽然结构形态多样,但都遵循着相同的逻辑、生成法则与模件化规则。在建构逻辑层面,各个构件自下而上依靠"叠、压、搭、扣、挑"的句法层层累叠,在水平与垂直向度以丰富的构件搭接方式进行组合、延展,从而实现"出跳承檐"。在空间层面:十字交叉的"斗""栱"交替叠置,构件之间限定出多重微空间;层层出跳的栱生成的整体结构呈"倒锥形"。如果将斗栱的原尺度放大数倍,则可发现其独特的空间状态。在力学传递层面:斗栱具有明显的结构传力分层现象。在水平方向,斗栱依靠栱间的摩擦力来抵抗水平荷载,在垂直方向,力流传递机制通过支点转移完成。例如在某柱头科中,屋面荷载通过撩檐枋等构件将荷载传递到第一层级的昂头,同时上部荷载在另一侧传递到草乳栿并将昂尾压住,在下一层的支撑处形成支点。荷载依此模式多次向下传递,支点逐层往下方的柱头中心移动。正是基于该作用机制,斗栱巧妙地完成了能量传递。

总之,斗栱既可以作为一个物件进行解读,亦能从其中系列微小的构件中去领悟并演绎其营造内涵;它具有严谨的几何构成、巧妙的构架与力流传递方式,不论是结构方式还是组织规律,斗栱作为一种原型均具备向现代转译的潜能。

1.2 演进历程

近一个世纪以来,关于斗栱的研究一直持续进行着。梁思成将斗栱发展划分为"豪劲时期"(the Period of Vigor)、"醇和时期"(the Period of Elegance)、"羁直时期"(the Period of Rigidity)三个时期[9];汉宝德以"斗栱系统化发生在唐代、格式化发生在宋代、明清发挥斗栱的装饰性"阐述其不同时期的特征[10]。整体而言,斗栱在演变历程中,其"出跳承檐"的结构作用逐渐消解,艺术特性被逐步强化(图3)。斗栱最初由斗状柱头"栌栾"[3]演化而来;汉至魏晋南北朝时期斗栱承托、悬挑作用逐渐完善,但建构表现力较弱;隋、唐时期斗栱的"结构特征"与"艺术表现力"达到完美结合,理性的建构方式使材料与建造高度统一,造型硕大、色彩简洁明朗;宋朝斗栱比例优雅、细部精美、结构严谨,形成"材分絜制"模式,模件化的斗栱成为大木结构生成动因。至明清时期,斗栱装饰性夸大,体量比例缩小,雕刻与彩绘精致细腻[3][11]。

自19世纪末,民间建筑活动中斗栱得以继续应用,但在城市中,木构的淘汰使斗栱成为装饰性要素。查尔斯·柯立芝(Charles A. Coolidge)将斗栱作为元素拼贴于建筑立面上以此呈现其"中国性";墨菲(Henry K. Murphy)设计的北大燕园建筑中,斗栱成为"布扎式"构图装饰要素[12];吕彦直虽采用混凝土构建了简约的斗栱形制,但其呈现于中山陵建筑立面上的仍是装饰性构件,斗栱逐步演

图3 各朝代斗栱对比图

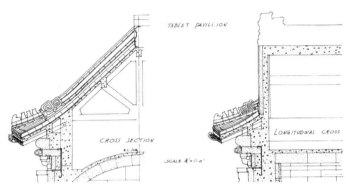

图4　斗栱成为装饰性要素——广州中山陵

化为脱离建构本体的艺术符号（图4）。

在传统与现代的类比中，梁思成试图通过新材料与结构进行转译[13]。在南京博物院、扬州鉴真纪念堂中，他通过材料置换、构件重组、尺度调整等尝试对传统斗栱进行重构，注重内在"结构理性"（structural rationalism）机制。在早期实践中，注重斗栱"核心形式"，但20世纪50年代起则将斗栱转译推向风格化与形式化，并影响了此后的建筑实践。如张镈设计的友谊宾馆，檐口点缀着细密仅起装饰作用的木质斗栱。在各种思潮交织、新结构与新材料广泛应用下，斗栱的应用已失去其"建构"属性。

2　建构转译

2.1　异质构件同构

"异质同构"（heterogeneous isomorphism）是指采用新的元素按照原型的规律加以构成、排列、融合，从而产生新的更有意义的形式。一方面，当异质材料建构所形成的新形态与原型结构"一致"（consistent）或"相似"（similar）时，便能激发起对原型的"审美经验"；另一方面，在重构过程中，比例尺度、抽象度、透明度、质感等的改变将重塑原型。借助于"异质同构"方法，斗栱细部所蕴含的内涵将呈现新的意义。

在南京博物院大殿设计中，梁思成在参考与之等级接近的辽、金建筑斗栱基础上做了简化处理，同时出跳的尺度也按照实际工程进行调整，使得设计的混凝土斗栱具有结构合理性。例如柱头铺作设计，尽管以"上华严寺大雄宝殿"的"五铺作双抄计心、单栱"样式为蓝本，但为适应混凝土技术，他借鉴"独乐寺山门"斗栱特点，将新的斗栱重组为"五铺作双抄偷心、单栱"，采用"偷心造"第一跳华栱上置散斗仅承接华栱，相比"计心造"则简化了构造节点，使之适应混凝土施工技术。同样在转角铺作设计上，由于大殿屋架的钢桁架结构使得参考原型所采用的"抹角斜栱"做法失去了结构价值，因此梁思成在设计时直接将其取消，使得博物院转角斗栱形式十分简练，同时降低了施工难度（图5）[14]。

现代建造对节点建构的审美价值倾向于"简约、精致、可读性强"，然而传统斗栱源自手工业生产方式，匠人精心雕琢各部件以彰显等级体系与艺术形式。由于精致的手工业制作在现代工业化体系下已无法适应，因此对传统复杂建构形式的抽象与简化已成为必然。如果说梁思成对斗栱的重构依然保留了传统痕迹，那么由张锦秋设计的长安塔对斗栱的重构则更为抽象。长安塔转译源自唐代传统木塔，主要用钢材建造，其檐口部位，平座栏杆内侧为圆形金属檐柱，在柱顶高度上通过简洁的钢梁拉结檐柱，并在其上叠压方形体块，该做法是对传统柱头和栌斗的抽象与简化。柱头与檐下之间采用截面为矩形的钢杆依照斗栱"层叠""出挑"的建构逻辑搭接与编织。简洁大方的建造形式传达出唐代斗栱气韵，亦更真实地反映了现代钢结构的力学特性（图6）[15]。

（a）南京博物院　柱头混凝土斗栱

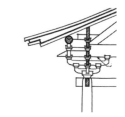

（b）独乐寺山门　柱头斗栱

图5　南京博物院柱头斗栱对独乐寺山门斗栱的重构

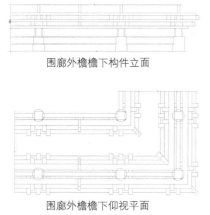

围廊外檐檐下构件立面

围廊外檐檐下仰视平面

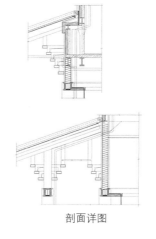

剖面详图

（a）细部节点

（b）明层平座细部

图6　长安塔细部

2.2　构件层叠的重组

该方式将线性构件按照斗栱"叠、压、搭、扣、挑"的建造逻辑进行叠压聚合，继而通过尺度变换形成巨型伞状结构支撑体。通过对构件层叠与其数量调控，形成"密实型""网格型""十字型"等结构形式。建造过程中，数量众多的杆件纵横交织并沿垂直方向发展，杆件上一般分布着大量榫卯接口，使得纵横交叠的杆件能相互锚固。此外，杆件层叠次数一般多达十数层甚至数十层，目的在于依靠自身重力与节点互锁机制使伞体中心稳固，同时也可在一定程度上增加杆件向四周的悬挑长度，最终形成的伞状结构展现出力

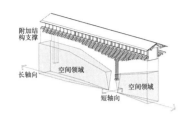

图7 梼原木桥博物馆

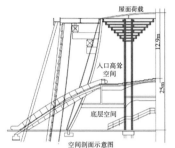

图8 塞维利亚世博会日本馆

流与形式关系的平衡，构成对斗栱、伞、树的多重隐喻。

由隈研吾（Kengo Kuma）设计的梼原木桥博物馆，巨树般的结构由无数相互交织排列的短木梁架层叠组成。该结构主要采用180mm×300mm小截面的标准木构件，纵横交织的杆件轴间间隔均为800mm，每往上一层出挑都增加一定长度。在搭接部位，位于下方的杆件有凹槽等间距均匀分布于杆件之上，借助榫卯咬合将层层杆件互锁，最终形成巨型悬臂结构体（图7）[16]。与此相比，安藤忠雄（Tadao Ando）更追求一种具有空间性的结构表现（space frame）。在塞维利亚世博会日本馆中，他以洗练的方式再现斗栱传力方式与建造逻辑。四根木柱构成一束柱，伞部依靠构件端头交错互锁进行间隔搭接、层叠发散成倒锥形结构，而在锥形体内部则通过少量杆件纵横搭接将四界面进行拉结，其独特的建构方式形成了"中空"伞状结构支撑体，呈现出迷人的韵律（图8）。

2.3 结构的拓扑生形

对斗栱拓扑生形将求解出丰富的转译模式。传统斗栱建立了模件化"尺度系统"，基本构件依照该系统转变为不同尺度的"结构自相似性"群组。层叠伞状的势态、有机的弧度建立了结构体与环境的对话。具体操作可分两个层级：一是可先对斗、栱、昂等构件进行类型提取，通过既定规则进行形态异化，以此衍生出多样的子集系统；二是从原型结构整体形态中受启发，提取整体几何构成方式与建构模式，借助数字技术对整体进行迭代处理，生成与原型"自相似"的结构。例如图9，以斗栱构件为基本母题进行拓扑转换。基于不同的变形规则，便可将原始图形拓展出丰富的子构件类型。然后将"叠、压、搭、扣、挑"的建构逻辑进行算法生成，继而通过调节杆件的形态变化便可生成大量不同的结构体。此种基于先例的推理过程可以生成多样的结构形式，且具有相同的内在组织规律与拓扑原理，表现形式丰富多变（图10）。

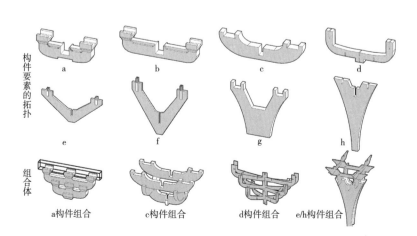

图9 构件的拓扑生形操作

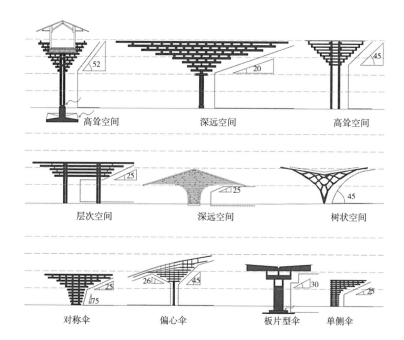

高耸空间　　　　　　　深远空间　　　　　　　高耸空间

层次空间　　　　　　　深远空间　　　　　　　树状空间

对称伞　　　　　偏心伞　　　　板片型伞　　单侧伞

图10　伞形空间类型

　　在建筑实践中，由JK-AR事务所设计的"三棵树房"，建筑师首先提取了斗栱中的"栱"构件，将其复杂的外轮廓形状简化为规则的"凹"字形板片；继而在两翼切出槽口，以分形的方式形成第二层级"凹"字形；紧接着依照斗栱基本建构逻辑，将板片进行层叠发散搭接，形成与斗栱相似的新结构体。设计师最后将生成的架构与"树形"产生关联，采用数字化拓扑技术将理性的结构形体逐渐拓展为非线性的有机树形，创造了独特的板片状结构支撑体（图11、图12）。非对称性、自由布局、树形意向等手法，使建筑巧妙地隐喻了自然的深层机理。

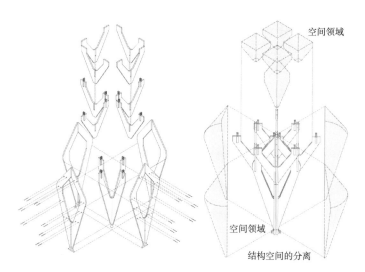

空间领域

空间领域

结构空间的分离

图11　结构图解

图12　"三棵树房"

3 空间转换

斗栱隐含着严谨的平面组织、微观空间雏形，若提取斗栱在其构件组合过程中的规律，并结合空间操作进行转译，则可探索使传统构件组织技巧向当代空间构成转译的可行性。

3.1 尺度缩放

由斗栱转译而来的倒锥形结构空间则是以类型学的视角对其整体形态提取、尺度重构与层叠建构的过程。菊竹清训提出的"京都会议中心方案"将斗栱蕴含的空间形态进行"整体式"抽离，其新颖的构思利用与斗栱相似的立体梁，依照其各部件搭接方式进行设计[17]。在该体系中，"一"字形长梁双双层叠相交，每组悬挑的结构相互搭接并呈伞状发散从而形成巨型悬臂式层叠结构，内部获得了具有向心性的倒锥形空间。独特的结构设计解放了墙体与柱网，使其内部空间洗练简洁。带有强烈现代设计感的悬浮形体，展现出极具震撼力的外挑结构形式与内部空间，而对"斗栱"整体形态与建构方式的隐喻又使建筑从普遍性的现代语境中回归到地域性文化的再现之中（图13）。

图13 国立京都会议中心方案

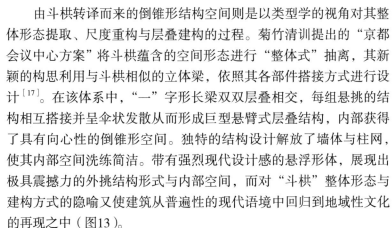

3.2 织理性空间构成

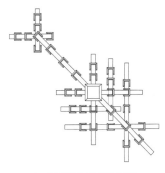

斗栱可被视作多层平面的垂直累积，如将各层平面进行抽象、提炼，会求解出一系列几何图解、空间意向与构成逻辑。斗栱的织理性特征内含一个中心点（即栌斗），层层出挑的杆件以栌斗为中心，按照一定的模数相互交替展开。斗栱主体被正交网格限定，但可将网格错位、叠加或增加"昂"等斜向要素，形成多元的空间构成。针对《营造法式》中各式斗栱平面进行类型解析与归纳，其中暗含着"集中十字式布局""层状空间式布局""中心发散式布局""动态均衡式布局""鱼骨发散式布局"等空间组织潜能（图14），结合现代空间操作手法如移位、扭转、反转等，可演绎出丰富的空间意向。

（a）五铺作重栱底视图

以宋式"五铺作重栱"为例，其平面可理解为动态的空间组织系统。其以"昂"作为斜向组织轴线，以左上方的"十"字形为终点，叠加中间以"坐斗"为中心的"米"字形，构成核心支撑体系。沿斜向轴线继续延伸，与右下角的"十"字形共同形成三横三纵的交错网络。昂以45°斜向贯穿了四个节点，形成动态的平面投影。

该图解并非完整的理想几何形，其规则性的错位与趣味性的减法抽离隐含了现代空间的流动性。对其的解读会使人联想到赖特（Frank Lloyd Wright）设计的马丁住宅（Darwin D.Martin House）平面图中所隐含的福禄贝尔（Fröbel）编织图案。福禄贝尔积木游戏

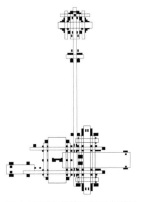

（b）马丁住宅的福禄贝尔构图

图15 平面组织对比

	把头绞顶造	四铺作里外并一秒卷头	四铺作插昂 （转角铺作）	五铺作重栱出单秒插昂里 转五铺作重栱出两秒	七铺作重栱出两秒双 上昂偷心跳
样式	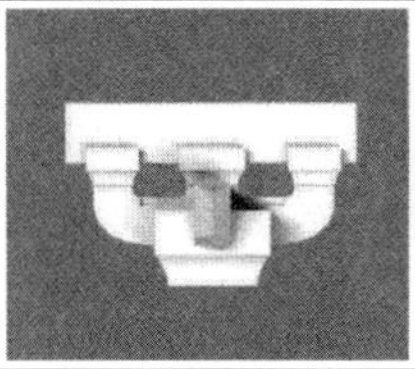	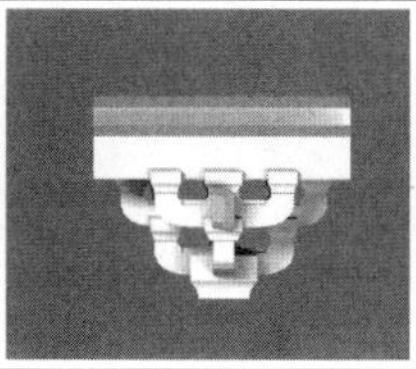	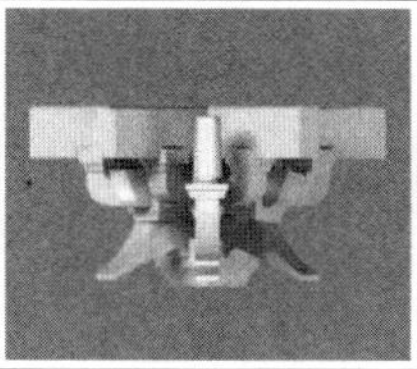	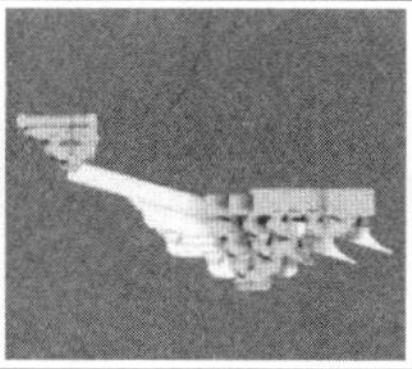	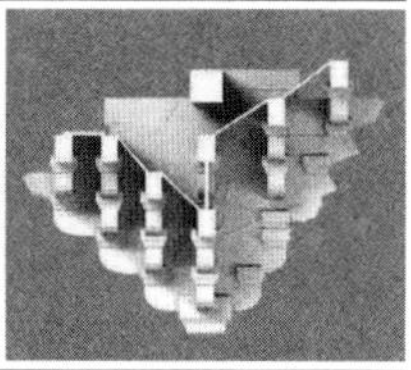
原型	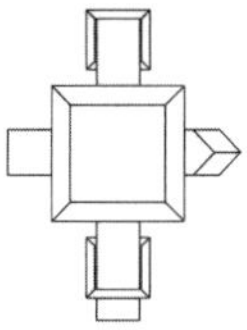	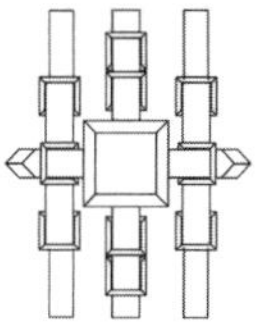	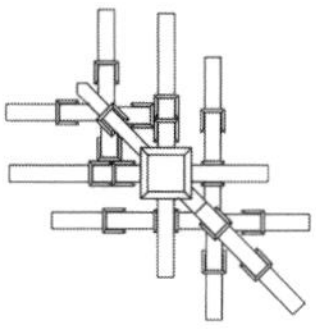	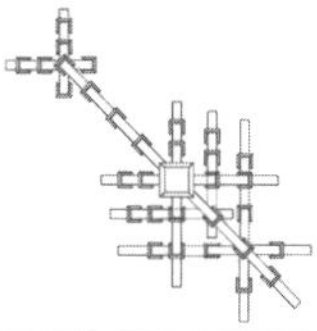	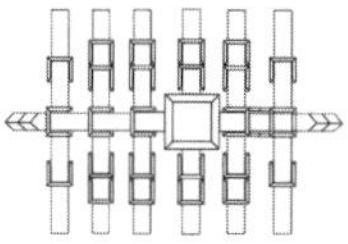
几何图解	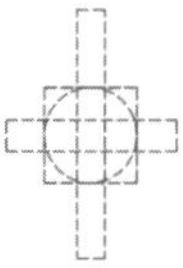	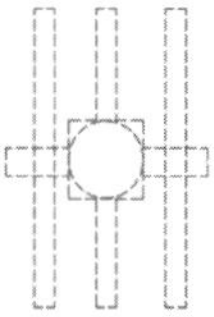	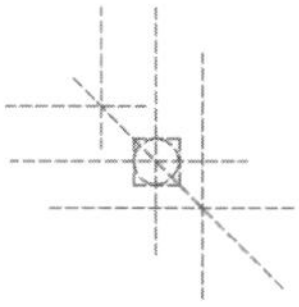	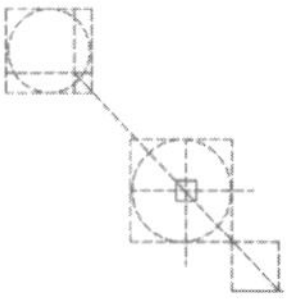	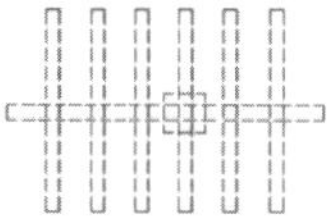
形式	集中十字式	层状空间式	中心发散式	动态均衡式	鱼骨发散式
特征	中心性、层级化、线性、发散、轴线对称				

图14　斗栱平面图示与几何构成

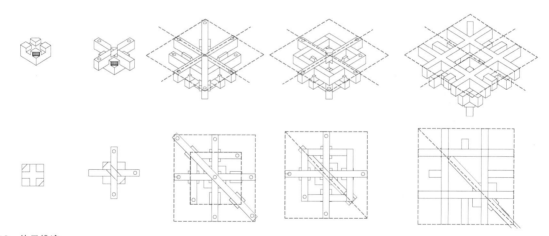

图16　体量推演

利用三维体块在网格中组合，其组织方式对赖特建筑构成的影响十
分明显。在形式操作上，赖特试图解构传统的箱体，运用体块编织
的艺术消解传统建筑静态的形式系统。在其概念图示中，以十字正
交为基本原则，不断编织，形成了经纬交错的几何图解。同时，细
长的条形与上方"井"字形连接，整体平面构架均衡而富有动感。
将前述的"五铺作重栱"与其进行对比，尽管两者根植于不同文化
体系，但是"有机""层叠编织""韵律与秩序"等成为两者的共性
（图15、图16）。

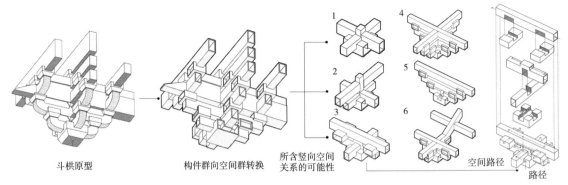

图17 斗栱构件的体量转换

基于上述平面解析，如果将垂直向度层叠的线性斗栱构件转换成体量，并放大其空间尺度使人能够穿梭其中，首先将拆解后的斗栱基本构件放大，做"空心化"处理，形成具有空间的"体块"；继而将空间体依照斗栱的构件组织逻辑进行空间构成，即完成了从"物件"（object）向"空间群"的转换[4]。构件之间利用榫卯在"二维"上相互咬合，即为"空间群"中上下空间的连接、穿插与渗透提供了可能，形成复杂的垂直路接。通过榫卯的切口部位，即可自下而上漫游于整个空间群内（图17）。

3.3 空间阵列与切割

斗栱具有独特的形式特征，如将其进行阵列，则既可作为柱子一般的支撑结构，又可限定出独特的空间，成为传统记忆的载体。斗栱的悬臂式层叠形式能够柔化柱网与屋面的交接，其在柱头处散开，缓和了立柱与楼板垂直相交的关系，而对构件的细节操作又会对空间营造产生变化。例如层叠数多，发散角度大，则由两组柱式所限定的空间呈现穹隆的状态；层叠次数少，发散程度缓和，则空间的穹窿状趋向缓和；若提取其拓扑结构方式形成的树状柱式，则所营造的空间呈现出有机性（图18、图19）。

柔和型

高耸型

平坦型

高耸型

穹窿型

有机型穹窿型

图18 几类悬臂式层叠柱式组合下的结构空间关系

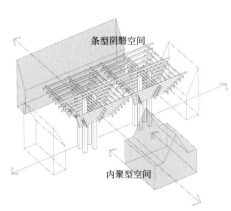

（a）空间关系分析

图19 悬臂式层叠柱式组合形成的空间关系分析

（b）1992年塞维利亚世博会日本馆，安藤忠雄

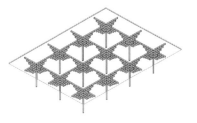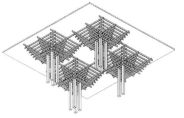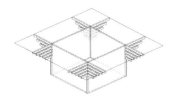

图20 柱式阵列形成的空间

若将斗栱单体沿平面中心的十字轴线切割后向外拉伸，则所形成的4个1/4斗栱如角柱一般，限定出新的空间。内部空间界面完整而简单，外部空间界面则跟随斗栱层叠悬挑的形式复杂而多变。将该组构成视作一个单元，上下左右成组阵列，则呈现出更加复杂的空间可能性（图20）。

4　结语

从斗栱内部建构关系分析，延伸至对其重构方式的探讨，分别从历史原型与演变过程、建构转译与空间转换三方面进行阐释。首先，明晰斗栱原型内在的要素构成、建造规律、形式特点，继而梳理斗栱演变进程，明晰演变规律；其次，通过异质构件同构、层叠方式重组、结构拓扑生形，以结构塑型为目的求解转译模式；最后，将斗栱进行抽象几何提炼，通过尺度缩放、织理性空间变换、阵列与切割方式，探讨空间转换的可能性，阐释其作为当代空间组织的潜力。如果说赖特能将其早年所熟悉的"福禄贝尔积木"有效地转化为现代的住宅形式、杜斯堡（Theo Van Doesburg）能从马列维奇绘画形式转译为其"空间"构成，则证明了从构件组合、绘画构成艺术到建筑形式生成的转译可行性，那么具有鲜明形式与结构特征的斗栱亦具有此种潜能。基于斗栱原型的空间与形式转译研究，验证了由传统要素向当代形式转换的可能，从而为传统构件要素进行当代形式演绎开辟了一条新的途径。

图片来源：

图1b：王文卿. 西方古典柱式［M］. 南京：东南大学出版社，2001.

图2c、图3、图5b：梁思成.《图像中国建筑史》手绘图［M］. 北京：新星出版社，2017.

图4左：中国文物学会，中国建筑学会. 中国20世纪建筑遗产名录（第一卷）［M］. 天津：天津大学出版社，2016.

图4中、右：建筑文化考察组. 中山纪念建筑［M］. 天津：天津大学出版社，2009.

图5a：描绘自焦洋. 历史语境下关于南京博物院大殿设计的再思［C］//《中国建筑教育》编辑部. 建筑的历史语境与绿色未来. 北京：中国建筑工业出版社，2016:13.

图6：张锦秋，徐嵘. 长安塔创作札记［J］. 建筑学报，2011（8）：9-11.

图7：日本隈研吾建筑都市事务所. 消失的建筑［M］. 付云伍，译，桂林：广西师范大学出版社，2021.

图11：ArchDaily. 消失百年的东亚木构复兴，树枝状"斗栱"/ JK-AR［J/OL］.（2019-08-07）［2024-04-30］. https://www.archdaily.cn/cn/922354/san-ke-shu-zhu-zhai-dong-ya-chuan-tong-mu-gou-jian-zhu-de-xian-dai-yan-yi-jk-ar.

图13：斋藤公男. 空间·建筑新物语［M］. 李逸定，等，译，北京：中国建筑工业出版社，2015.

图14上：王昀. 跨界设计——建筑与斗栱［M］. 北京：中国电力出版社，2016.

图15b：保罗·拉索，詹姆斯·泰斯. 在原理与形式之间——解读赖特的建筑［M］. 武汉：华中科技大学出版社，2018.

图19b：ANDO T. Japanese pavilion, Expo' 92［J］. Tadao Ando 1989/1992. El Croquis 44+58. Madrid: El Croquis, 1994.

其余图片均为自绘或自摄。

参考文献：

［1］张镈，张开济，林克明，等. 关于建筑现代化和建筑风格问题的一些意见［J］. 建筑学报，1979（1）：26-30.

［2］徐明松. 建筑师王大闳：1942-1995［M］. 上海：同济大学出版社，2014.

［3］李允鉌. 华夏意匠［M］. 天津：天津大学出版社，2014.

［4］王昀. 建筑与斗栱［M］. 北京：中国电力出版社，2015.

［5］王方戟，王梓童. 佛光寺东大殿结构特征——《中国古代木结构建筑技术（战国—北宋）》相关内容再议［J］. 建筑学报，2018（9）：48-53.

［6］王倩. 从技术到设计［D］. 南京：东南大学，2019.

［7］冯纪忠. 何陋轩问答［M］. 北京：中国建筑工业出版社，2002.

［8］埃森曼. 建筑经典：1950-2000［M］. 范路，译. 北京：商务印书馆，2015.

［9］梁思成. 中国建筑史［M］. 北京：生活·读书·新知三联书店，2011.

［10］汉宝德. 斗栱起源与发展［M］. 天津：天津大学，2002.

［11］雷冬霞. 中国古典建筑图释［M］. 上海：同济大学出版社，2015.

［12］姜娓娓. 建筑装饰与社会文化环境［D］. 北京：清华大学，2004.

［13］梁思成. 建筑设计参考图集序［M］//梁思成. 梁思成全集：第六卷. 北京：中国建筑工业出版社，2001.

［14］焦洋. 历史语境下关于南京博物院大殿设计的再思［C］//《中国建筑教育》编辑部. 建筑的历史语境与绿色未来. 北京：中国建筑工业出版社，2016.

［15］张锦秋，徐嵘. 长安塔创作札记［J］. 建筑学报，2011（8）：9-11.

［16］赵亚敏，加藤悠希，孔宇航. 传统层叠型木建造现代转换设计方法——以日本木建造为例［J］. 建筑学报，2020（12）：84-91.

［17］斋藤公男. 空间·建筑新物语［M］. 李逸定，胡惠琴，译. 北京：中国建筑工业出版社，2017.

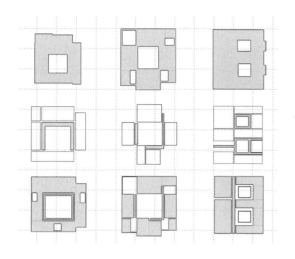

合院原型·范式重构

　　合院作为一种类型曾存在于各个不同的文明进程中，呈现为方形或矩形，四面由建筑体量或墙体围合而成，中心为庭院（或天井），具有明确的轴线统领空间布局。古代合院不仅以家宅形式出现，亦是众多不同类型建筑的原型，是中国传统文化、自然环境与社会制度等多重因素共同作用下的具体呈现形式。

　　关于合院的精读与研究，在于从历史档案与现存的建成物中发现其内在的抽象图式，是对当下建筑学科内核的深度反思与质疑，为未来范式重构建立一个概念性框架。从古代合院数理规律、几何特征、环境应对、内在结构等方面阐释其内在图式，结合不同地域的合院经典案例，解读其空间组织与形式生成规律，并针对性地选择三个当代实践案例，讨论转译与重构的策略与方法（图1）。

1　内在图式

　　本文中的内在图式可定义为具有几乎亘古不变的普遍性的认知方式，内含了文化基因、组织逻辑，反映了人类的价值取向与美学

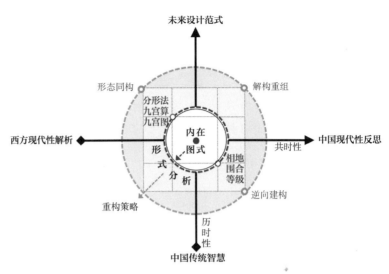

图1 合院精读、转译与重构图解

标准。赵汀阳在论述古代中国时谈及三个观点："中国具有独立发展的历史，是一个有着强大向心力的漩涡，是一个内含天下结构的中国"[1]。古代合院是中国天人同构的结构图式，不仅需满足世俗日常生活需求，更是对上苍的景仰与对话，与加斯东·巴什拉（Gaston Bachelard）笔下的地窖与阁楼垂直性的呈现不同，庭院以天为鉴，渗透至家宅中，实现了天地间的和谐相处、人与自然的共生。合院的形成与中国文化观、自然观与伦理秩序有着不可分割的内在联系。其内在结构可从数理关系中求解，九宫算、九宫图与分形结构是合院原型中内在秩序，而关于相地择址、边界围合与等级体系的讨论则进一步从自然环境、营建方式与社会架构的内化过程中探讨合院形成的普遍规律。

1.1 九宫算·九宫图·分形结构

从一至九的"天地自然之数"被称为"九数"，具有"九数"与九宫图抽象特征的古代中国合院，正是象征天下结构的具体表征。九宫型空间结构为当代转译提供了内在依据，"九数"的数理规律一直存在于合院结构中。王其亨列举了大量推崇"九数"相关的史实：如"周公制礼有九数，九数之流，九章是也""茫茫禹迹，画为九州"等解释"九数"的数理关系[2]。柯林·罗在比较勒·柯布西耶（Le Corbusier）的斯坦因别墅（Villa Stein）与帕拉第奥（Palladio）的马孔坦塔别墅时（Villa Malcontenta）（图2），运用数理关系验证了两者之间的内在关联性。九宫图式，按先秦典籍载述，明堂九宫，四方表征大地，九宫表象九州，四周门窗意喻一年四季十二月，奇数属阳为天数，偶数属阴为地数，明堂九格数字排序由左向右分别为四九二、三五七、八一六，在九宫图内纵、横、斜三个方向相邻三数之和均为15，形成了特有的数理关系。中国古代人的思维方式，在几何与数理层面，涵盖了对宇宙整体性认知的内在定式，合院作为一种原型在其历史演变过程中一直遵循着该抽象定式。

如果将方形进行"井"字划分，则生成九个空间，其中"中空即为八卦，间隔即为五行，四边即为四向，变成立体即六合"[2]99。北京四合院与汉风坊院的平面布局中均呈现出的"井"字形空间图式并非偶然，隐藏在其背后的深层结构则能揭示合院的本源。在

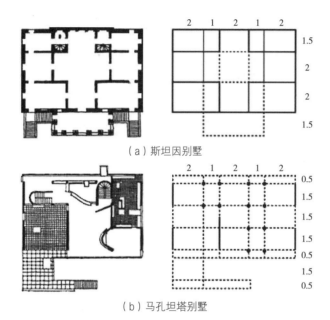

（a）斯坦因别墅

（b）马孔坦塔别墅

图2　平面开间比例对比

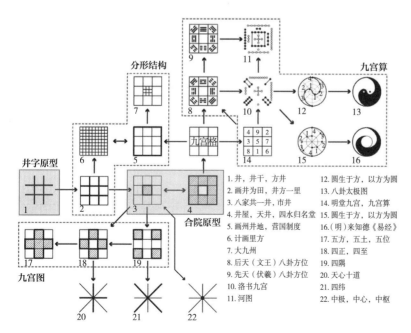

1. 井，井干，方井
2. 画井为田，井方一里
3. 八家共一井，市井
4. 井屋，天井，四水归名堂
5. 画州里地，营国制度
6. 计画里方
7. 大九州
8. 后天（文王）八卦方位
9. 先天（伏羲）八卦方位
10. 洛书九宫
11. 河图
12. 圆生于方，以方为圆
13. 八卦太极图
14. 明堂九宫，九宫算
15. 圆生于方，以方为圆
16. （明）来知德《易经》
17. 五方，五土，五位
18. 四正，四至
19. 四隅
20. 天心十道
21. 四纬
22. 中极，中心，中枢

图3　九宫型空间图式

"'井'的意义"一文中，王其亨详细论述了中国传统建筑平面构成原型及文化渊涵，从形而上的视角分析"井"字平面原型，指出"'井'字形和九宫型图式具有空间构成上的完形性意义"[2]108（图3）。"在古人实用理性和类比外推的思维方式下，'井'的原形及其宇宙图式性的丰富含义深刻影响了各类建筑基本形态和观念的形成"，从村社到城邑、明堂到宅院[3]、楼台到天花、从构造到装修，"井"字形在各个层级上构成了广泛的关联[2]91。该文不仅探讨了"井"作为几何原型的同构性，并从存在空间、经纬网络、结构形态、形式美学等方面进行解析；很明显，合院形式与古代国土、城邑、宅院，乃至内部构造具有"井"字形分形层级，随着尺度的缩放，范围与类型亦随之变化。无论是"九数"、九宫图式的数理与几何关系，还是以此为基准的其他分形同构建筑类型，均可作为被转译的参数应用到当代建筑形式生成过程中，从而为未来建筑实践提供基础性数据与生成图解。

1.2 相地・围合・等级体系

王其亨在论述中国古代建筑环境观时指出"《诗经》《尚书》中均有古代先民选址规划和经营城邑宫宅活动的史实性记述"[4]。在其文中插图关于最佳宅址选择，上图为三合院，南有"金带环抱"，北有"负阴抱阳"，该图解呈现了家宅的理想山水环境；下图则进一步进行了细化，中心为方形四合院，左右分别为"白虎""青龙"，南"朱雀"，北"玄武"。古人营造选址最为关键，环境因子已然成为家宅营建的决定性因素（图4）。中国古代建筑观关于自然的认知既不同于西方文化的"人为自然立法"的控制观，亦迥异于日本文化中"人对于自然的恐惧"倾向。"天人同构"①是古代营造的内在依据。营造宅居环境注重"来积止聚、冲阴和阳、土厚水深、郁草茂林"[5]，强调建筑的坐向方位、规模大小与高卑，内外空间融合与流通。通过景观构成要素的迎、纳、聚、藏等精心处理，接受或调节自然环境对建筑的影响，注重建成环境与自然生态系统协同运作使之"外部围合重重关栏，内部空间敛聚向心[4]37-52"。

合院形式之所以在历史长河中持续存在，是人类的生存本能与心理感知使然，体现了人类对家宅的安全性与防御性需求。"合"是防范自然的生存空间边界的界定，而"院"则是解决古人日常生活的基本需求。围合营造源于人类对外部世界的未知与不确定性考量，体现了关于生存本能是人类集体无意识内在需求的共同特征。庭院与天井四周围合中间区域露天，在营造内部微气候的同时，亦体现了人类在环境适应过程中不断重复与再现的心理诉求。依据费德莱尔（L.A. Fiedler）的原型理论，中国合院是一种复杂、神秘、难以用抽象语言言说的模式。庭院记录了家族成员的生活轨迹与精神需

图4 基于风水理念的最佳宅址图式

求，且与无限的宇空相联。从厚重的外墙、生活用房到围合开放的
圈廊至中空的庭院层层环形嵌套，空间性质由密向虚逐层过渡，形
成了中国人心中的理想居所。合院形制反映了"宗法""族群"为
主导的社会运行机制，并隐含着内在等级与秩序，与古代文化的家
族意识不可分割[6]。家族观在中国传统社会日常生活中存续了数千
年，并成为世代生活方式的重要组成部分。家族结构不仅是血缘的
传续，亦是价值共同体。在古代宗法结构中，基本的"主权"单位
并非个人，而是家族，这就不难理解合院形式所呈现的空间特征，
北京四合院的空间分布关系是严格依据家族结构中长幼有序的规则
进行组织的。

九宫算、九宫图与分形结构从抽象的数理关系与几何构想，呈
现了古代合院内在的、不可见的宇宙向心图式；而相地择址、界面
围合及等级体系则是从古人环境观、心理诉求，以及社会价值认同
的心理图式。前者是内在抽象理性的图式，后者则是微观的、具体
的营造与行为方式，两者共同构成合院原型的内在图式，而这正是
文化基因在合院原型中的具体体现，无形的、隐匿的，但又是客观
存在的内在性。该图式是亟须提炼、转译与传承的重要文化信息与
历史记忆。合院所体现的宇宙观、数理方法与心理图式是当代中国
建筑理论与方法建构的重要源泉。

2 形式分析

中国古代合院在基本形制、场所营造、空间组织、形式生成等
方面有其独特性，而在文化层面，关于不同文化背景下合院形式的
差异，以及兴衰过程的比较亦能更加明晰未来形式发展的走向。

2.1 空间组织与适候性

从目前考古发现的文献记载中，三千多年前西周时期的陕西岐
山县凤雏合院应该是早期合院形制之一。在矩形平面布局中，由南
北方向的中轴线串联影壁、门廊、正院、前堂与后院，外墙封闭，
所有房间围绕庭院连续展开，走廊相连且面向庭院，南面有三个入
口，影壁后面为礼仪性入口，屋顶为双向坡顶（图5）。空间组织井
然有序，尽管合院在后续的演变中，不同地区呈现不同的空间特征，
然而整体形式一直延续至今，并为当代建筑在形式层面上的转译与
重构提供了先例。

人们在以庭院或天井为中心、面对不同的地域气候条件进行空
间组织时，演化出了多种合院形式。北京四合院[7]代表了北方地区
的理想形式，徽州合院[8]则代表南方地区适候性居住模式。在北
京，三进四合院最为典型，单体与庭院沿轴对称布置，分别设置前

院、内院与后院（图6）。位于中心的正方形内院统控全局，是家庭生活的中心区域，抄手游廊在强化向心性的同时，亦凸显了中心与边界的环形嵌套同构关系，后院为狭长矩形，为女眷卧室及辅助性房间。主入口设置在东南隅，门厅空间面向照壁，进而左转入前院，经垂花门右转进入中心庭院，路径曲折回绕，空间收敛含蓄，藏风纳气的堪舆方法巧含其中。

徽州合院则采用天井进行空间密度与微气候调节。建筑入口沿主轴设置，门堂分设，堂屋为半开敞空间，与天井合二为一、收放自如。堂屋两侧为廊屋、后设天井。前后两个天井垂直向天，屋顶为"四水归堂"的内落水形式，由山墙、屋脊与檐口共同构成天际轮廓线，高低错落、层次丰富（图7）。徽州与北京的合院布局虽遵循共同的形式秩序，然而地域气候的影响在空间布局与具体形式呈现方式差异明显。

位于不同地区的合院形式均集中呈现了合院的内在图式，且面

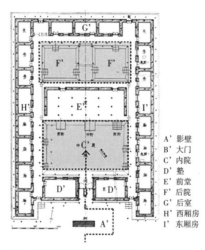

A' 影壁
B' 大门
C' 内院
D' 塾
E' 前堂
F' 后院
G' 后室
H' 西厢房
I' 东厢房

图5 西周陕西岐山凤雏合院

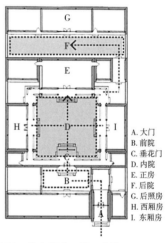

A. 大门
B. 前院
C. 垂花门
D. 内院
E. 正房
F. 后院
G. 后照房
H. 西厢房
I. 东厢房

图6 北京标准三进四合院

图7 徽州合院

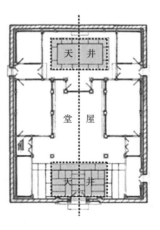

对不同的地域文化、气候条件与生活方式，呈现出迥异的空间组织方式与形态特征，为当代建筑重构提供了既遵守合院内在图式，又追求动态变化的民间智慧。

2.2 "过白"夹景的艺术

王其亨在《风水形势说和古代中国建筑外部空间设计探析》一文中阐释"过白"方法时，指出"人站在后厅神龛前，能在后厅封檐板以下的视野里望见前座的完整画面，并在前座屋脊上还有带状的一线天空纳入画面[9]"，进而讨论了景框与观赏的关系。在近几年的合院考察中，东阳的卢宅、德化的宗祠，以及泉州许逊邀故居，对古代哲匠关于"过白"的营造所呈现的艺术形式，所观之景象甚为惊叹（图8）。合院中后厅屋檐下的景框设置、前厅的屋脊天际线，以及远处的山形、上方的蓝天白云，在不同的位置观赏所形成的视景在不断地变化中。笔者将之称为夹景的艺术，即运用近景之框、中景之脊，以人的视觉为中心营造前后相"夹"的过白处理手法。"过白夹景"的营建依据人的行为路径、观景方式巧妙地处理了人、单体、合院组群与自然环境，营造技术与视觉艺术之间的关系。即使从现代日照分析、心理感知，"过白"方法亦具有很强的科学性。张海滨在《从过白看赣北敞厅》[10]一文中系统分析了赣北住居中"过白"的环境因应现象，指出"过白"是平衡该地区遮阳与采光、通风之间矛盾的方式，天井过大则无法遮阳，天井过小亦难解通风问题（图9）。而在文化层面，"过白"能够藏风聚气，厅堂中主人座位处可以通过"过白"景框观天日，体验一年中季节的更替、一天中时间的变化，既体现了对祖先的崇拜，亦强化了尊卑长幼的秩序。在营造过程中，工匠在现场亦可根据"过白"的需求对地面、檐口、楼板进行相应的尺寸与构造调整，以呈现"过白夹景"最佳状态。

王其亨认为，"过白"方法不只是工匠经验性长期积累的产物与外部空间设计技巧，而是与风水形势说的艺术原理相关联，是具有理论思维的实践形式[9]。因此无论从理论层面，还是具体营建方

（a）东阳卢宅

（b）德化蕉溪宗祠

（c）泉州许逊邀故居

图8 传统合院中的"过白"

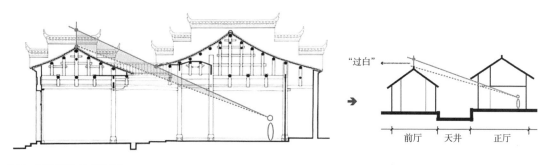

图9 剖面设计与"过白"

图10　杭州国家版本馆

法与技巧，"过白"设计方法在中国合院中的应用对于当代中国建筑理论的深究、方法的转译与应用均具有重要的价值。从表面上看"过白"处理是一种视觉设计方法，然而却涉及整个合院形式系统。庭院前厅、正厅间的距离矫正，建筑的结构高度，地面的高差处理，近景檐口、中景屋顶以及远景取景方式，在技术层面的日照、遮阳与通风问题处理等。可以说关于合院"过白"方法涉及建筑的艺术形式、能量形式与建构形式。近期参观王澍、陆文宇设计的杭州国家版本馆（图10），能感受到建筑师深谙此道，在庭院空间构成中，尽管运用了当代的结构与材料，但传统合院"过白"意向被巧妙地进行了转译与重构，使之既具有当代性，又彰显出强烈的文化印记。

2.3　文化差异性辨析

比较与解读不同地区的合院形态则更能彰显中国合院的独特性。在西方文献记述中，合院形式虽经历了由住宅向公共建筑的转变，但并不作为主要建筑形态加以对待[11]。西方合院类型可以追溯至古希腊、古罗马时期，在公元2世纪前，以庭院为中心进行空间组织的住宅形式业已呈现，如普里埃内和提洛岛的住宅[12]。从庞贝古城遗迹中亦能看出，合院形制在古罗马时期得到进一步完善，内部庭院以柱廊围合，周边建筑体量整体性强，柱、廊与体量组合呈连续性特征；强调主立面设计。在演变过程中，由于宗教和世俗政权对建筑的象征性追求、重商传统下的城市开放性需求，以及关于建筑永恒性的追求等一系列原因，西方合院作为一种类型逐渐走向式微[12]。

在伊斯兰文明中，合院形式受东西方影响至深。在居住建筑中，院落平面尺寸通常较小，在清真寺等公共建筑则相对宽敞，形式操作遵循"减法"原则，即从整体体量中切割外部空间。院落由凹廊与开敞大厅等半开放空间围合而成，并配有精美的透雕装饰。由于文化中对于性别身体隐私的重视，内庭院呈现出强烈的内向封闭性。受古希腊文明影响，整体形式呈现出几何与数的严谨秩序。在日本古代建筑中，例如宫殿与寺庙建筑，虽呈合院态势，但空间布局相对自由，并未追求沿轴线对称布置[13]。由于家庭观念的弱化，以及关于私密性的诉求，合院类型在日本居住建筑中并不占有主导地位。

不同文明形态下建筑形式差异性明显，虽合院普遍存在，但随着不同地域文化因素的加持，其发展轨迹呈分化现象[14]（表1）。在西方传统中，合院并未能从原始状态中得以进化。与之相反，中国合院通过不断的复杂衍化在历史变迁中占据了极其重要的地位，虽然近现代以来受西方文化影响、社会变革，家庭人口结构变化与快速城市化进程，合院形式未能获得普遍意义上的继承，然而在文化

不同文明形态下的合院形式			表1
	古希腊、古罗马	伊斯兰	日本
平面			
结构图解	接待厅 围柱笼 中堂 中庭 入口	门楼 庭院 庭院 大厅	
案例名称	庞贝，潘萨府邸复原平面	伊斯法罕平面，雅米清真寺	日本平城宫复原图局部

复兴的国策下，对于设计范式的重构与更新具有启发性。有别于其他文明独特的文化印记，合院将会以新的形式参与到未来中华建筑的建构。

3 重构策略

在当代建筑实践中，如何以清晰的思路去置换那些隐藏在形式表征背后的、与中国文化精神相分离的、源自西方价值体系的内核是问题的关键。重构意味着对近现代中国建筑源流的挑战，重新将中国那个曾经独立的历史置于当代语境中。在当代实践中，以古代合院为原型进行转译与重构的案例并不少，本文试图从中选择具有代表性的案例进行深读与凝练。

3.1 形态同构

李晓东在森庐设计过程中既吸纳了古代合院的营建观，又运用了现代建筑设计方法。场地选址遵循"负阴抱阳，背山面水[4]"的原则，巧妙地将建筑与山水环境相呼应，背靠玉龙雪山，面向自然湖泊。设计构思中，运用了水体穿插与路径迂回的方式呈现出古代"相地"与"藏风纳气"的堪舆观念[15]（图11）。

首先，结合地势高差抬升建筑，利用"水下穿廊"为场地入口，穿过水下门洞，沿台阶至高台，此时静谧水面与开阔山景尽收眼底；其次，在建筑入口至厅堂空间序列营造中，利用环抱的水景营造场所意境，丰富内外空间层次（图12）；最后，在形式操作层面，将传统封闭合院分解为U形体量与条形体块，手法类似于阿尔

图11 淼庐背山面水的相地选址

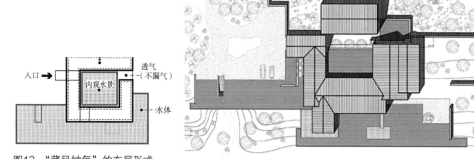

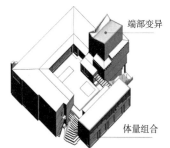

图12 "藏风纳气"的布局形式

入口

内观水景

透气
(不漏气)

水体

瓦·阿尔托（Alvar Aalto）的珊纳特赛罗市政中心的布局方式，使庭院空间在一定程度得以释放以产生空间张力。通过灵活多变的石墙界定场地与划分空间的方式则类似于密斯的巴塞罗那德国馆的形式空间处理手法（图13）。

在建构层面，运用当地材料建造，追求精致性细部设计，形式语言放松且从容。无论从建成后的外部场景，还是内部景观、材料选择与建构逻辑，作品在延承古代合院原型的同时，巧妙应对场地环境，并以当代建造方式完成其设计意图，聚合有度并有机地呈现出一幅诗意的画卷。北京四合院应该在建筑师脑海中留下了深深的印记。该设计匠心独具，游离在传统与现代之间，巧妙地进行了景构。作品"以人工收自然之气，为山水所注[15]"，如此基于古代合院营建理念的理解和掌握、并进行反思与操作，以及选材和建造的方式独居哲匠精神，使之成为合院形态同构的优秀案例。

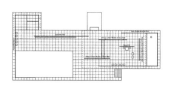

端部变异

体量组合

图13 珊纳特赛罗市政厅（上），阿尔瓦·阿尔托；巴塞罗那德国馆（下），密斯

3.2 解构重组

陶磊在辽宁本溪设计的冯大中艺术馆，是关于传统合院解构与

重组的另一种策略。该建筑坐落在院墙中心位置，功能为艺术家家宅、工作室与展览空间，被称为"凹舍"，意为内凹的方形"砖盒子"，亦是潜意识地对古代合院的另外一种解读；屋角凹形空间向中心汇聚，并在"盒子"中内设三个院子，分别为书院、竹院与山院。建筑西侧为艺术家工作室与公共活动空间，东侧为家庭与客人居住与活动空间。家主卧室位于南部，晚辈卧室位于北部，设置了一矩形合院，其中竹院、山院两个小院被巧妙地嵌入其中。建筑师对北京四合院中厚重的院墙、前院、内院与后院，东南角的大门印象应该在设计过程中留下了深深的记忆。传统四合院中内庭院在"凹舍"中被实体替代，内院与前院合二为一。轴线在"凹舍"中以切割的条状虚体进行隐喻，由四面指向中心的单坡屋顶可视为传统内庭院的立体重组（图14）。建筑师写道："在屋顶的中心设置了可上人的木质屋面，由于凹形屋顶对周边城市的屏蔽作用，形成了巨大的场所感，能看到的只有远山、天空，还有夜晚那轮明月，感受四季的轮回与自身的存在"[16]（图15）。其话语中蕴含着对自然的感悟，陶磊将传统的内涵以现代的方式进行了重组，传承了合院的文化记忆。

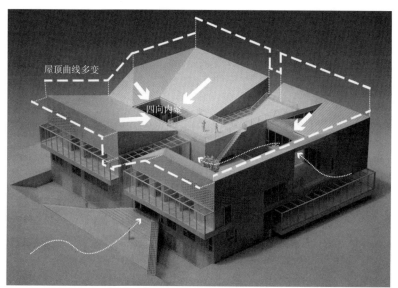

图14 冯大中艺术中心——"凹舍"

▨ 庭院 ---- 围墙 ▤ 水景 ‖‖‖ 轴线

图15 "屋中院"——书院、竹院与山院

3.3 逆向建构

迥异于前面两位建筑师的设计构想，华黎在北京建造的"四分院"则以"逆向建构"的方式回应北京四合院的内在逻辑。通过空间序列反置的方式，使私密与公共、中心与边缘、封闭与开放等不同空间属性相互置换，从而实现空间内外翻转与秩序重组。"四分院"无论是房子命名，还是空间布局，均源于北京四合院的原型：中心、轴线、内聚性、在地性。正如柯布西耶在设计萨伏伊别墅时，外围的柱廊是由美第奇府邸的内廊内外反转生成一样（图16）。首先是虚实切换，在"四分院"中，以实体的客厅与餐厅替换了中心庭院，而原有的虚空则被挤压至边缘区位，并以四个分院形成风车形布局（图17）。传统的底层卧室在这里被设在二层。应该说，建筑师在构思过程中一直在传统与当代生活之间进行某种平衡，既不想放弃传统基因，又要考虑当下居住者的心理诉求。于是，一系列现代空间操作方法被引入，由合而分，由聚而散，路斯的容积规划法亦被运用在空间组织中。结果呈现出密实的外墙、与自然对话的小院、复杂的院内界面、坡屋顶等被刻意保留。如此重构所产生的张力使得该建筑关于合院转译的实验中突破了固有的思维模式，为合院形式承继在认知层面开启了新的一扇窗。

诚然合院转译与重构具有很多种方法，不同的建筑师、不同的建筑类型与规模，将具有不同的构思方案，关键在于设计策略与相

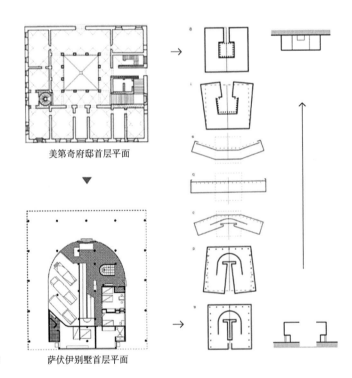

美第奇府邸首层平面

萨伏伊别墅首层平面

图16　图解法分析萨伏伊别墅翻转操作

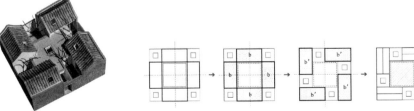

（a）模型

（b）平面生成分析

图17　四分院·华黎

58

应的方法。合院形式的应用无论从认知层面还是在操作层面，均处于关键的转折点。通常建筑师们在构思时，习惯于理性地思考功能关系，而对中国传统建筑如何有效重构并不热衷。三位建筑师深谙西方现代建筑设计方法，更善于文化内省，自觉地寻找存续于历史上的建筑密码与文化基因。重新审视当下的设计模式与价值观，将视野转向寻找那个曾经辉煌的古代中国营建智慧，结合当下社会生活方式与时代精神，进而推动中国传统营建观念、方法与技术在新的时空语境中再生。

4 结语

关于合院的讨论，是基于当下建筑现状的批评，遥指中国古代营建体系，面向未来范式。选取合院进行形式精读，目的不仅仅在于其自身的价值，更在于在当代中国社会语境下，探索古代合院如何被转译与重构，从而在各种复杂的形式乱象中正清本源。关于重构，并不意味着重新构建一套具有"中心"性质的理论和方法，而是在学科边界与交汇处寻求新的可能性。芬兰著名建筑师库里森（Kristian Gullichsen）曾说："建筑是大象而非蝴蝶"，在历史长河中，那些没有文化之根的"建筑制造"终究是短暂而缺乏生命力的。诚然合院无法代表中华营建体系的全貌，然而将其作为一个重要原型，其内在的遗传基因与可承继性，对推动当下中国建筑范式转换具有重要的启示作用。

图片来源：

图2：ROWEC. The Mathematics of the Ideal Villa in "The Mathematics of the Ideal Villa Other Essays" [M]. Cambridge: MIT Press c, 1976.

图3：改绘，底图来源：参考文献 [2]

图4：改绘，底图来源：参考文献 [4]

图5：改绘，底图来源：参考文献 [7]

表1：改绘，底图来源：王瑞珠. 世界建筑史 古罗马卷（上册）[M]. 北京：中国建筑工业出版社，2004：219；霍格. 伊斯兰建筑 [M]. 杨昌鸣，等，译. 北京：中国建筑工业出版社，1999：93；参考文献 [14]

图11：李晓东工作室

图12：李晓东. 淼庐 [J]. 住区，2011，（2）：64-69.

图13：李石磊. 基于U形几何的建筑形式生成研究 [D]. 天津大学，2020：79.
肯尼斯·弗兰姆普敦. 张钦楠，等，译. 现代建筑——一部批判的历史 [M]. 北京：三联书店. 2004：179.

图14：改绘，底图来源：TAOA工作室. 凹舍 [EB/OL]. [2024-07-23]. http://www.i-taoa.com/projectinfo/63.

图15：改绘，底图来源：陶磊. 凹舍的材料感性 [J] 时代建筑，2014，（3）：82-89.

图16：改绘，参考GRAF D. Diagrams [J]. Perspecta, 1986, 22：42-71. 底图

来源：孔宇航，辛善超. 经典建筑解读［M］. 北京：中国建筑工业出版社，2019.

图17（a）：迹·建筑事务所（TAO）

其余图片均为自绘或自摄。

注释：

①天人同构，即天人合一的宇宙观，其主要内容分别以抽象出的阴阳、五行、八卦三组符号代表世间万物的主从、性质和象征关系。

参考文献：

［1］赵汀阳. 历史、山水及渔樵［J］. 哲学研究，2018（1）：50-58+127.

［2］王其亨. "井"的意义——中国传统建筑的平面构成原型及文化渊涵探析［C］. 当代中国建筑史家十书：王其亨中国建筑史论选集［M］. 沈阳：辽宁美术出版社，2014.

［3］王贵祥. "五亩之宅"与"十家之坊"及古代园宅、里坊制度探析［J］. 建筑史，2005（00）：144-156.

［4］尚廓. 中国风水格局的构成、生态环境与景观［C］//王其亨. 风水理论研究（第2版）. 天津：天津大学出版社，2005.

［5］郭璞. 郭璞葬经［M］. 文明书局，1926.

［6］朱文一. 关于"院"的本质及文化内涵的追问［J］. 世界建筑，1992（5）：60-66.

［7］贾珺. 北京四合院［M］. 北京：清华大学出版社，2009.

［8］柳肃. 徽州民居.［M］. 北京：中国建筑工业出版社，2005.

［9］王其亨. 风水形势说和古代中国建筑外部空间设计探析［C］//当代中国建筑史家十书：王其亨中国建筑史论选集. 沈阳：辽宁美术出版社，2014.

［10］张海滨. 从"过白"看赣北敞厅——天井式住居类型及谱系流布［J］. 建筑遗产，2018（4）：38-48.

［11］王贵祥. 东西方的建筑空间：传统中国与中世纪西方建筑的文化阐释［M］. 天津：百花文艺出版社，2006.

［12］王新征. 合院原型的地区性［M］. 北京：清华大学出版社，2014.

［13］玉井哲雄，唐聪，包慕萍. 从都城与宫殿建筑复原看日本、中国、韩国的渊源与异同［J］. 中国建筑史论汇刊，2014（2）：104-117.

［14］王新征. 秩序与自然之间——基于文化原型研究的中国传统合院建筑解读［J］. 华中建筑，2014，32（7）：4.

［15］李晓东. 注解天然——云南丽江淼庐，中国［J］. 世界建筑，2010（10）：4.

［16］陶磊. 凹舍，本溪，辽宁，中国［J］. 世界建筑，2010（10）：94-96.

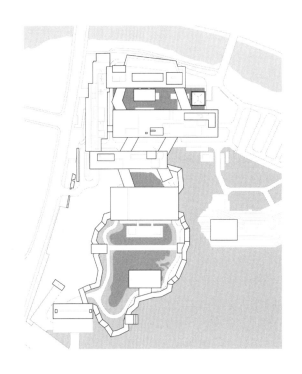

传统组群·意向重读

近三十年来，伴随着城市设计理论与方法的引进与热议，关于本土建筑组群的讨论却略显衰微。实践界倾向于以概念设计、功能需求与商业运营作为组群布局的主线，理论界则将其作为城市设计的一个分支进行概述，在设计研究方面鲜有深度挖掘。本文以组群为线索，选取自20世纪80年代以来，出现于不同时间节点、曾受到广泛讨论的建筑作品，将其置于空间重构的议题下。试图从历史延续性的视角，运用类型学理论与系统分析方法探讨其内在规律，解析其内在结构与美学意向。于是，建筑组群作为一种类型，重新被阐释、解读、转译与重构。

1 组群作为一种类型

20世纪60年代，西方学术界基于对现代建筑"功能主义"的反思与批判，试图重建建筑与传统的关联，关注古典建筑类型相对稳定的结构与形式。贝蒂尼（Sergio Bettini）与柯尼希（Giovanni Klaus Koenig）指出，类型除了功能的总结与归纳作用外，还有思想与文化的作用[1]70；拉斐尔·莫奈欧（Rafael Moneo）将类型定义为一种内在的形式结构或是秩序[1]70；阿伦·科洪（Alan Colquhoun）认为："类型组成了建筑语言的基石"[1]72。在对现代主义建筑的抵抗中，类型学理论指出所有的类型源自传统自身，建筑类型的形成类似于人类的语言，是文化的延续，是人类物质与精神生活在建筑中的影射。中国传统建筑组群功能多样、形式丰富，但在空间组织上具有相对稳定的内部结构，将"组群"作为一种类型，以类型学理论切入讨论，对把握中国传统建筑组群的隐含特征有所裨益。

中国传统建筑组群按使用需求划分涵盖宫殿、陵墓、王府、衙署、寺庙、道观、书院、民居、园林等，不同种类的建筑组群因地域、气候、功能等特质，共性与个性并存。南北方位、中轴对称、多重院落、向心性、正面性、围合性等，成为其重要的普遍性特征。如果进一步细分，其空间组织亦存在差异性。住宅组群虽具有明确的轴线，但主入口常于南向偏东设置；官衙与宫殿组群虽布局相仿，但后者的空间序列层次相对较多，即更具景深感；陵墓组群的矩形院落多被赋予大纵深，以强化纪念氛围；道观组群则多在中轴线上内嵌一系列小型合院。

然而，在古代实用主义价值观的指引下，等级分明、秩序井然的空间结构成为中国传统建筑组群作为一种"类型"的重要特征。一系列尺度不一的院落沿主轴线依次展开，在场地环境允许的情况下，轴线起始点与核心建筑群之间存在着"序曲"，以门坊和牌楼强调人在进入主体空间之前的情感推演。院落设置多为串联式，亦存在院中院的内嵌方式。核心院落通常环绕一圈围廊以强化其中心地位。故前序空间、院落、单体建筑、围廊以及院墙等一系列要素遵循着轴线与向心性规则渐次展开，构成了组群布局的形式规律。当规模不断拓展时，主轴保持不变，次轴沿东西方向增设并形成"井"字形网络，使原有单轴纵深布局结构演变为多轴矩阵式结构。如果将门、墙、廊、阁、殿等要素视为形式语汇，那么轴线定位、网格设定、空间围合、数理关系则可以理解为生成句法。

尽管组群内在结构稳定，但并非一成不变。不同的场址将会导致一定的结构变异与局部调整，如理想笔直的纵轴线可能演变成渐变的曲线或"之"字形；气候的变化会影响院落的大小，如徽州合院天井与北京四合院院落尺度迥异。在相对宽松的自然环境中，组群的前序可得到充分展现，而在密集的城市环境中该序曲则可能被压缩，甚至消失。整体而言，传统组群有其特有的空间组织逻辑与特征，兼具适应性与可操作性，其作为一种类型的应用价值与重构方法亟须探讨。

2 内在图式与形式特征

乔姆斯基（Avram Noam Chomsky）从自然科学的实证性研究视角，运用不同的理论模型解析语言机能的内在结构，认为人脑中的先天语言机能有着清晰、简单、明确的组织结构。在经过一系列转化与演变后，其结构会更具复杂性与丰富性，最终成为人类所使用的日常语言结构[1]161。以之审视历史上的建筑组群，凝练其要素与关系，使隐匿的内在性得以显现，中国传统建筑组群可进一步分为两种类型：一种是严谨的对称布局方式，如宫殿、陵墓、书院等；另一种则是与自然地形相适应的有机组织模式，如园林（图1）。共同呈现传统组群丰富的形式特征。

2.1 对称性与有机性

古代宫殿、陵墓及书院等礼制建筑组群布局方式对称、规整，内含轴线控制与数理逻辑。轴线，作为传统建筑布局的重要方法之一，是周秦以来寻求天地之中相互感应的抽象表达[2]，亦是社会等级体系的具体表现。建筑组群中占据统摄地位的主轴常以概念

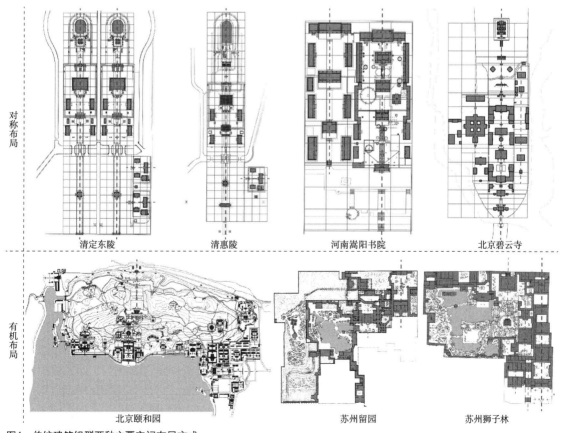

图1 传统建筑组群两种主要空间布局方式

性"虚轴"呈现,人们在行走过程中渐次感知与体验。这种运用隐匿性内在秩序表达礼制尊卑等级的方法,与西方以建筑体量形成的"实轴"具有显著区别。数理逻辑,则表现在建筑组群遵循"辨方正位""择中立宫"[3]"长幼有序""分庭设户"的礼制思想。一方面以制度性模数体系如平格法控制组群布局,贯穿从地形勘测、建筑选址、平面布局到竖向设计各环节[4];另一方面,院落,作为组群的构成单元,其尺度控制依循平格法与"形势"理论,寻求良好的院落间视距关系与全局控制。

中国古代园林因循因地制宜、自由有机的布局方式。无强烈轴线控制,却局部内含等级性与对称性;追求空间流动性与环境融合度,强化自然属性。建筑单体相对处于从属地位,以堂屋、围墙、门洞、格栅、廊庑,以及亭、台、楼、榭等建筑要素,与山、水、石、花、草、木等自然要素,运用不规则、非对称、曲线、起伏、蜿蜒等方法,遵循"三分水,二分竹,一分屋"的规则进行空间组织。营建重点在于使景象产生层次感,避免直白叙事而追求"翳然林水"①之效[5]318-319。私家园林布局则更为自由,大多围于以高墙、围廊或住宅外墙为界面的封闭环境内[6],多以水面为构图中心,建筑环绕周边,散落并融于地景之中。宅门、前院及厅堂等节点构成一段较明显的轴线序列且偏居整体构图一隅,作为进入主体空间的前序,其中以若干片段式分轴线控制局部构图,连廊将散布各处的建筑联为一体,或环以水面,或绕以山石,两者共同构建诗意的场景。

2.2 视觉规律

传统组群布局重视与自然环境的多重呼应,巧妙地利用视觉规律寻求整体和谐与个性差异之间的平衡,展现古代建筑独有的"礼乐和合"的美学意向[7]。

2.2.1 远观与近赏

"远观其势,近察其形"强调远近行止不同而巧于变化的视觉感知与远观近察的审美观照,以连贯的整体程序排列和多视点的空间组织[8]117,构建层次丰富、符合生理与心理需求的空间秩序。首先"立势",在宏观的整体格局以及远观层面展现群体之气势;其次"驻形",对其局部展开空间界面刻画与艺术加工。基于视觉感知与亲身体验,将"势"与"形"进行尺度量化,依据距离远近确定构形意向,远观注重整体形态与环境的相互映照,近观强调界面营造与细部设计。不仅强化"千尺为势,百尺为形""形乘势来"等原则,亦注重"合形辅势"的景构方法,景、物相互映衬,轮廓和布局相辅相成[9]292-293。

2.2.2 层次与景深

空间上的层次排布与视觉上的景深营造在园林中尤其显著，视线与路径相互交织从而构成不同的框景。若路径与视线可达性相一致，则以近处"门洞"形式形成景框，中、远处建筑的轮廓线与天、地相互映衬，空间层叠、层次丰富，构建景深感；而当路径与视线无法同时通达时，则以"窗洞"形式构建框景，使人在行游中体验步移景异，增添空间趣味。无论门洞或窗洞，均以几何形式形成景框，屏蔽多余景物视线干扰，使画面聚焦，近景的细节与远景的气势在形成对比的同时亦巧妙融汇[9]303。

3　基因重组与空间重构

古代建筑的内在图式是在长期演进过程中逐步形成并内含于中国文化传统之中的一种无意识的稳定结构，不仅成就了其连续性，亦为当代组群设计提供了原型[10]。在对建筑组群案例的不断的探寻与比对中，20世纪80年代初的建设的南京雨花台烈士陵园首先进入视野，继之则是北京当代MOMA与成都西村大院，最后则是刚刚建成不久的杭州国家版本馆（文润阁）。不同时代的建筑师们巧妙地诠释了当代建筑组群的内在要义，四组案例解析为组群设计方法的继承、更新与优化提供了重要佐证。

3.1　原型直译

将传统组群类型的经典图式移植至当代设计中，结合使用需求与特定场地进行构思与深化，使之具有明显的历史延续性，称之为"原型直译"。以清惠陵（图2左）为原型的雨花台烈士陵园设计（图2右）可以作为代表性案例之一。清惠陵分为三部分，南区是由望柱、牌坊、神道碑亭构成"前序"，东侧为神厨库院落；中区为由隆恩门、隆恩殿以及东西配殿组成的矩形院落；北区则是由方城、明楼与宝顶构成，由罗圈墙围合狭长型院落；终端为半圆形。而雨花台组群前区由忠魂亭、思源曲水池与烈士纪念馆组成（图3），呈矩形构图，长宽比与清惠陵南区几近相同，纪念馆则可视为神道碑亭和神厨库院落的合体，清惠陵三路三孔桥下的马槽沟则被纪念桥与雨花湖替代；中区由男女哀悼像、国歌碑、倒影池和国际歌碑构成的空间序列，对应着清惠陵中区的矩形院落，原有的朝房、配殿与主殿被删除，东西两侧由树木围合边界；后区则简化了清惠陵终端的方城、宝城与宝顶等元素，代之以广场、碑廊与主碑作为空间序列的终点（图4）。

烈士陵园通过对传统陵墓原型的直译塑造了具有对称性质的空间秩序与纪念氛围的当代组群，不仅体现在平面布局上，亦呈现于

图2 清惠陵平面图（左）与雨花
台轴线建筑群平面图（右）

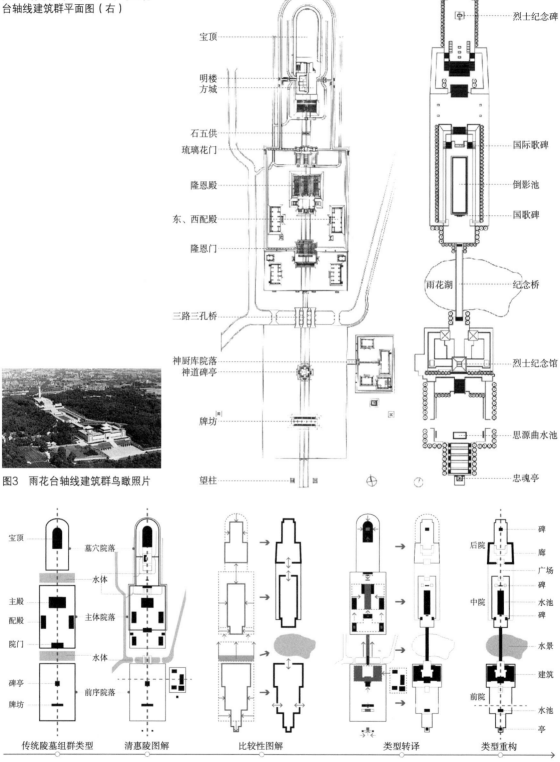

宝顶

明楼
方城

石五供
琉璃花门

隆恩殿

东、西配殿

隆恩门

三路三孔桥

神厨库院落
神道碑亭

牌坊

望柱

烈士纪念碑

国际歌碑

倒影池

国歌碑

雨花湖　纪念桥

烈士纪念馆

思源曲水池

忠魂亭

图3 雨花台轴线建筑群鸟瞰照片

宝顶　　　　　　　墓穴院落　　　　　　　　　　　　　　　　　　　　　碑

　　　　　　　　　水体　　　　　　　　　　　　　　　　　　后院　　　　廊

　　　　　　　　　　　　　　　　　　　　　　　　　　　　　　　　　　广场

主殿　　　　　　　主体院落　　　　　　　　　　　　　　　　　　　　　碑

配殿　　　　　　　　　　　　　　　　　　　　　　　　　　中院　　　　水池

院门　　　　　　　　　　　　　　　　　　　　　　　　　　　　　　　　碑

　　　　　　　　　水体　　　　　　　　　　　　　　　　　　　　　　　水景

碑亭　　　　　　　前序院落　　　　　　　　　　　　　　　　　　　　　建筑

牌坊　　　　　　　　　　　　　　　　　　　　　　　　　　前院　　　　水池

　　　　　　　　　　　　　　　　　　　　　　　　　　　　　　　　　　亭

传统陵墓组群类型　　清惠陵图解　　　　比较性图解　　　　类型转译　　　类型重构

图4 清惠陵原型与雨花台轴线建筑
群对比分析

66

建筑与场地的交融中。轴线之上，建筑、院落与景观交替点缀，虚实相间，开合有度。在尺度上遵循了"千尺为势，百尺为形"的尺规，最小仰角控制为7°。纪念轴通过场地起伏变化、空间虚实对比与视线循序引导，构建了从有限到无限、富于纪念沉思的空间体验[11]。平面几何遵循清代陵墓几何构成，前区均为矩形，中、后区由相互衔接的矩形演变成内嵌与交叠并用的几何图解，只不过依据当代纪念馆使用需求进行了要素置换，如纪念馆取代了神道碑亭与神厨库院落，原有的宝顶、宝城与半圆形罗圈墙则被长明灯、纪念碑与U形树群替代。该案例可理解为设计句法基本不变、词汇进行局部置换，以古代陵墓类型为参照，遵循其内在图式与形式规律，成功地延续了陵墓组群的组织机理。

3.2 悬置意译

"意译"是对传统组群类型转译与重构的另外一种方式。在充分理解与掌握传统组群内在规律的同时，将其组织方法由二维平面向三维立体方向转化，采用悬置、下沉、破碎、置换、逆转等方法解决当代城市组群转译难题。斯蒂芬·霍尔（Steven Holl）曾谈及其于北京的建成作品当代MOMA（图5）的设计灵感来源于马蒂斯名作《舞蹈》（图6），但在笔者看来，该作品可解读为一组采用廊道悬置从水平性向垂直性转化的重要案例。在城市有限的空间中建大型建筑复合体，首要难题是垂直性的求解。传统民居组群人口规模有限，场地相对宽松，布局在水平向延展。建筑师认为20世纪80年代前的北京是水平性的，之后是垂直性的，试图以"垂直的水平性"空间设想消解与对抗中国城市空间私有化现象，构想由"物体构成"向"空间城市"转变[12]。作品中构思了一个连接8幢住宅塔楼与酒店的空中连廊和多功能天桥，在十二至十八层之间进行上下错位连接；并通过中间层设置的公共花园、塔楼顶端的私人花园以及底层布置的长方形水池，隐喻着传统北京四合院意向，霍尔希望空中与地面形成连环状并寓意社会容器（图7）。

图5 北京当代MOMA模型照片

图6 北京当代MOMA草图

以空中廊道连接复合体是核心理念，建筑师一方面从艺术作品中汲取营养，在对现状批判与反思中求解立体路径图解；同时亦可以推断北京故宫、四合院、寺庙或皇家园林、无处不在的走廊、连接水体两岸的桥，均对其产生了潜意识的影响。院、廊、桥作为传统要素被采纳，只不过附伏地面的走廊与横跨水面的小桥被升空悬置，严谨的轴线与封闭的院墙被消解，自由曲线的水体被严谨的几何所取代，传统大小不同的合院被公共与私人屋顶花园所取代，古城的水平性意向被保留。霍尔以当代的视野、源自西方建筑学的形式生成方法构建了一个成功的当代城市复合体，巧妙地在垂直维度上嫁接了动态的水平连廊，在吸纳地域传统的同时进行消解，文化

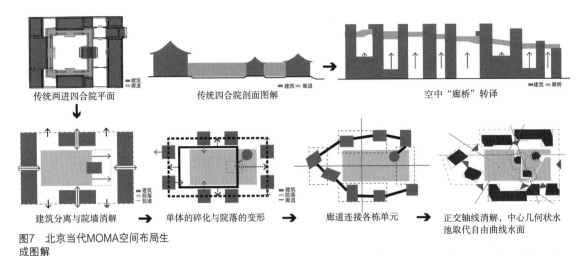

传统两进四合院平面　　　　传统四合院剖面图解　　　　空中"廊桥"转译

建筑分离与院墙消解　→　单体的碎化与院落的变形　→　廊道连接各栋单元　→　正交轴线消解,中心几何状水池取代自由曲线水面

图7　北京当代MOMA空间布局生成图解

记忆与传统被隐喻,无法适应当代都市生活的一系列要素被置换,运用悬置与逆转的概念构建了其心目中的当代北京城市社区。

3.3　隐性转译

刘家琨设计的西村·贝森大院属于一种关于传统居住组群类型的"隐性"转译与重构,针对以办公和文化商业为核心的创意生活集群的功能定位,从历史原型中提炼出承载古人家庭生活的院落群,高度集成为一个巨构大院,将仅服务于屈指可数的古代家族成员转变成服务当下数以千计的社区居民。其策略是将传统居住类型与当代社区进行有效整合,运用现代设计方法对传统基因进行重组,使之既具有某种古代院落的记忆,又满足当代生活方式。西村大院(图8)东西长230m、南北宽180m、限高24m,周边为低层与超高层混合社区。巨构"院落"应运而生,以三面连续围合的实体与北侧的架空柱廊围合而成"U"形半围合巨构,内部形成了182m×137m的巨大庭院,内置运动场、展廊、竹院等多功能空间满足社区居民需求[13][14]。其中依然可以读出几何轴线、围合感、院中院等传统建筑要素,但古代家族的等级构架已不复存在,代之以当代共享空间,传统院落的私密属性由充满"市井气息"的公共空间所替代。建筑师构思了一个内部庭院的多层嵌套空间结构,边界以环绕建筑内立面周边的水渠和底层休闲平台完成庭院与建筑内界面的过渡;向内以五个大小不一、竹种各异的竹林院落围成内环中心带,再现传统生活、激发集体记忆;小型空间、环形展廊以及中心多功能露天空间则由外向内构成了内院中部主体景观,体现出自边缘向中心聚合的向心性(图9)。在三维体量中呈现出巨型立体跑道系统:由环形跑道、交叉坡道、屋顶步道、廊桥、长廊、天井以及外挂楼梯组成,缠绕着整个巨构建筑,可视为将传统院落中沿廊与轴线行走的水平漫游路径演变成垂直向度上的三维动态路径,使传统的游观

图8 西村大院鸟瞰照片

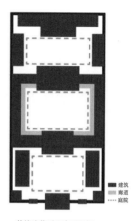

传统院落平面布局图解

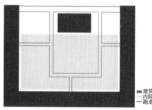

巨构整合与廊道重构

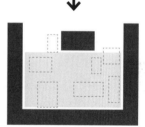

庭院分化与重组

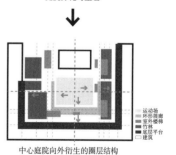

中心庭院向外衍生的圈层结构

图9 西村大院平面布局生成图解

体验在当代高密度城市中得以再现。

　　西村大院以高度压缩与集成的方式重构了传统民居组群。在城市用地高度紧凑、生活节奏迥异、传统材料逐渐消失的当下，关于历史延续的命题本身就是开放的。传统居住类型的基因必须要承继，因其代表着文化之源，然而是否要机械性地一一对应，回答是否定的，西村大院的整合与重构机智地回应了该命题。

3.4 意韵再现

　　王澍新近建成的文润阁（杭州国家版本馆）可理解为对于传统书院与园林的"意韵再现"（图10）。其在《山水文润》[16]一文中就关于"宋韵"的当代表达进行了论述，总结了宋韵造园四法：观法生韵、营造生韵、自然生韵与用法生韵，其中涉猎营造法、材料选择、自然借景与人工造景等方法。从宋代园林中提取相关要素，以杭州古代文澜阁为引子、山水画为模本，求解建筑与自然交融的内在关联与神韵。场馆随山就势而设，使之"嵌入"山体并融入环境中；就势凿池，自良渚港引水至北、中、南三池。该组群依循传统坐北朝南与轴线定位方式，北置藏书阁、南设观景园。中部以主馆为界，北部相对集中，南部疏朗，以水池为中心，单体散落周边，颇有江南园林意境。以廊道为载体顺随山形、环绕水池；各座建筑之间以两段相对平行的展廊连接。布局看似自由与随机，实则隐含着清晰的内在逻辑：一条隐性的南北向中轴线，六座条形建筑在轴线上错位布置，其中又嵌入一条由南北两段不同形式的廊空间构成了完整闭合的廊道（图11）。

　　游观其中能体验到空间的灵动与返璞归真的美学韵味。前园后馆，呈水平延展态势，藏书库拾级而上融于山体之中，其上为生态梯田；位于东部的观景阁为该组群垂直方向上的制高点，统领全局，从而形成了丰富的天际线；廊道的设计使空间具有层次与景深感。在材料与精致性表达层面，强调自然材料与真实建造，五种材料的

图10 杭州国家版本馆鸟瞰照

使用：清水混凝土、青瓷屏扇、木构、夯土墙与青铜瓦，既有传统材料的重构，又有现代混凝土的纹理重塑（木肌理与竹肌理）。应该说该团队以独特的匠意重塑了实体与界面，从而使建筑师心目中的"宋韵"得以呈现。

4 结语

关于历史的梳理，其目的是为当代建筑提供文化溯源与创新灵感。当下，一味地继承传统空间图式与美学规律显然不能令人信服，有意或无意的遗忘亦是文化与空间重构的大忌。遴选出的4个代表性案例中，西村大院与当代MOMA为混合性居住组群，无论是概念生成还是操作方法，联结文化之根的那条线索并未断裂，两个作品并非是传统民居类型空间与形式的简单再现，而是对于中国传统文化的再造与意译，西村大院的基因延承似乎更强一些，而当代MOMA当属基因重组。王澍则以复兴传统文化为内在动因，力图系统地构建其心中的建筑愿景，在文润阁中，两种不同的空间操作以隐约的轴线与具有宋韵的园林布局方式尽情展现，传统的营造"匠意"在

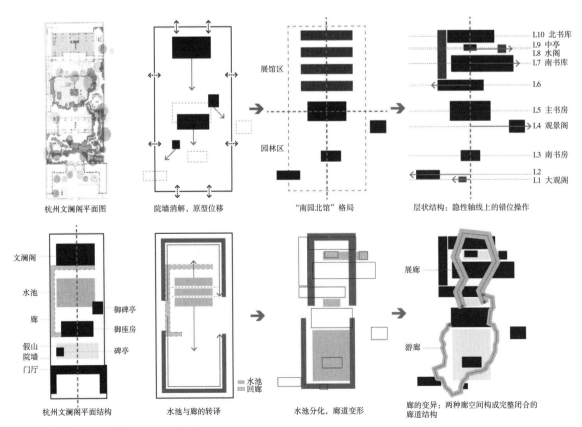

图11 杭州国家版本馆平面布局生成图解

案例		类型	古代营建方法												当代设计方法											
			轴线定位	院落层叠	平格控制	数理推导	形势规限	环境交融	过白设置	景深构建	对称布局	有机组织	起承转合	视线分析	直译	置换	叠合	嵌套	隐喻	悬置	嫁接	拼贴	集成	模拟	层叠	建构
古代	清惠陵	陵墓	✓	✓	✓	✓	✓				✓		✓													
	苏州邓宅	民居	✓	✓	✓		✓	✓		✓		✓														
	杭州文澜阁	园林						✓	✓			✓														
		书院	✓	✓	✓		✓	✓		✓		✓														
当代	雨花台	陵墓									✓				✓	✓										
	当代MOMA	民居															✓			✓						
	西村大院																		✓		✓					
	杭州版本馆	园林					✓	✓		✓		✓					✓			✓			✓	✓	✓	
		书院																								

图12 杭州国家版本馆平面布局生成图解

作品中不断弥漫，无论是材料试验还是细部推敲均围绕"现代宋韵"展开。雨花台烈士陵园则遵循了传统陵墓类型的内在规律，在对其空间布局"直译"的基础上代入当代纪念性功能，置换形式要素的同时保持句法不变，塑造出浓郁的秩序感与悼念氛围。在时间跨度上，对这些作品的解读与剖析并非仅仅基于建筑师个人的创作意图描述或相关学者的评论性文章，而是从文化内涵、建筑的内在性以及重构的视角进行探究。在正向与逆向、传统与当代的考量中不断地进行穿越与重构。在反复对比、观照与辨析过程中，试图求解并初步建立一套诸如直译、悬置、隐喻、模拟等的当代空间操作方法（图12），为重塑本土文化、重组设计方法提供参照。

图片来源：

图1：改绘，底图来源：冯建逵，王其亨，天津大学建筑学院，清东陵文物管理处．清东陵［M］．北京：中国建筑工业出版社，2022；周维权．中国古典园林史（第三版）［M］．北京：清华大学出版社，2008；刘敦桢．苏州古典园林［M］．武汉：华中科技大学出版社，2019；王贵祥，贺从容，廖慧农．中国古建筑测绘十年：2000～2010清华大学建筑学院测绘图集（下）［M］．北京：清华大学出版社，2011；姚赯，蔡晴．江西古建筑［M］．北京：中国建筑工业出版社，2015.

图2：改绘，底图来源：冯建逵，王其亨，天津大学建筑学院，清东陵文物管理处．清东陵［M］．北京：中国建筑工业出版社，2022．齐康．纪念的凝思［M］．北京：中国建筑工业出版社，1996.

图3：齐康．纪念的凝思［M］．北京：中国建筑工业出版社，1996.

图5：El Croquis, AC建筑创作．概念与旋律——斯蒂文·霍尔事务所 2008-2014［M］．北京：中国和平出版社，2014.

图6：霍尔，李虎，Iwan Baan,等．北京当代MOMA联接复合体［J］．城市环境设计，2013（6）：128-139.

图7：其中的北京两进四合院平面图根据以下文献改绘：贾珺．北京四合院［M］．北京：清华大学出版社，2009：30.

图8：Chin Hyosook，李自强，方子语．四川，成都西村大院［J］．城市环境设计，2022（4）：126-141.

图10：由张楠提供

图11：其中的杭州文澜阁平面图来自：杭州项目建设指挥部办公室. 杭州国家版本馆创新设计与理念［M］. 杭州：浙江人民出版社，2022.

注释：

①出自《世说新语 言语第二》："简文入华林园，顾谓左右曰：'会心处不必在远，翳然林水，便自有濠、濮间想也，觉鸟兽禽鱼自来亲人。'""翳然"一词译为"隐没、隐灭"，被李允鉌视为见诸文字的最早的造园方法和理论。

参考文献：

［1］青锋. 当代建筑理论［M］. 北京：中国建筑工业出版社，2022.
［2］天津大学建筑系，承德市文物局. 承德古建筑［M］. 北京：中国建筑工业出版社，1982.
［3］段进，邵润青，兰文龙等. 空间基因［J］. 城市规划，2019，43（2）：14-21.
［4］王其亨，Li Yingchun. 清代样式雷建筑图档中的平格研究——中国传统建筑设计理念与方法的经典范例［J］. 建筑遗产，2016（1）：24-33.
［5］李允鉌. 华夏意匠：中国古典建筑设计原理分析［M］. 天津：天津大学出版社，2005.
［6］陈薇. "静谧"与"蜩沸"——当江南经典园林遇见公共性［J］. 建筑学报，2022（08）：12-17.
［7］王世仁. 建筑美学散论［C］// 建筑史论文集：第14辑. 北京：清华大学出版社，2001：12.
［8］王其亨. 王其亨中国建筑史论选集：当代中国建筑史家十书［M］. 沈阳：辽宁美术出版社，2014.
［9］张杰. 中国古代空间文化溯源［M］. 北京：清华大学出版社，2012.
［10］孔宇航，辛善超，张楠. 转译与重构——传统营建智慧在建筑设计中的应用［J］. 建筑学报，2020（02）：23-29.
［11］齐康. 纪念的凝思［M］. 北京：中国建筑工业出版社，1996.
［12］霍尔，李虎，Iwan Baan，等. 北京当代MOMA 联接复合体［J］. 城市环境设计，2013（6）：128-139.
［13］刘家琨. 西村·贝森大院［J］. 建筑学报，2015（11）：50-58.
［14］朱涛. 新集体：论刘家琨的成都西村大院［J］. 时代建筑，2016（2）：86-97.

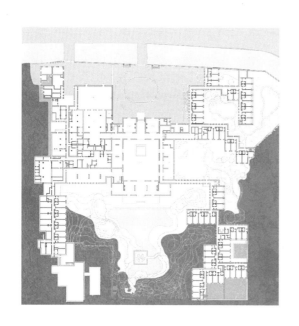

古典园林·空间转换

　　中国古典园林是建筑师借鉴"传统"的重要参照。在近现代实践中，中国建筑师借鉴古典园林特征与方法创造出一批数量庞大、质量颇高的现代建筑，被称为中国现代庭园建筑。其创作与建筑学界对古典园林的研究密切相关。新中国成立后建筑学界曾出现过三次研究中国古典园林的热潮，分别是20世纪60年代初、20世纪80年代初和21世纪10年代至今[1]。尽管针对同样的议题，但不同时期社会政治状况、理论话语核心等因素不断变化，从而使学界对中国古典园林的关注重点、认知基础、转译方式呈现出较大差异。

　　1980年前后，社会政治环境的开放引发了学界对西方建筑理论的大量引进①，现代主义建筑"空间"理论广泛传播[2]，很大程度上影响了建筑学领域的古典园林研究。不同于20世纪60年代立足于中国古典园林本身，从动态视觉[3]、抽象空间[4]、图底关系[5]等多角度展开分析性质的研究，该时期的园林研究则以现代建筑为出发点，借助"空间"概念重释古典园林，寻求借鉴意义及转化设计的方法[6]-[8]，以彭一刚的《中国古典园林分析》[9]一书当为典型代表。基于现代建筑"空间"认知角度，有关园林转译的话语讨论也由关注古典园林的"现代形式转换"逐渐转变为"空间重构"[1]，如果说话语一定程度上影响着建筑空间操作方法，那么中国现代建筑是如何借鉴并转译古典园林的？其有何共性特征？对当代建筑设计意义何在？中国现代庭园建筑为回答这些问题提供了切入的窗口。

童寯先生早在1936年便作出"中国园林建筑是如此悦人的洒脱有趣，以致即使没有花木，它仍成为园林"②[10]137的论断，敏锐捕捉到中国古典园林空间抽象转译的可能性，成为理解20世纪80年代中国现代庭园建筑的切入点。由此来看，《江南园林志》中的造园三重境界："第一，疏密得宜；其次，曲折尽致；第三，眼前有景，"[11]16与其将这三点作为造园结果的评判，倒不如将其看作营造园林空间的3种路径。"疏密得宜"针对园林要素的布局经营，在深层空间结构上调整与配置，使各要素相互间产生恰当的关系。"曲折尽致"偏重路径空间的序列组织，强调行进过程中的变化，其基础是一种曲折迂回的美学[12]，核心在于空间深度的变化。"眼前有景"重在"景"的概念，"景"不单是景象本身，或者通过对客观存在的山水林木的裁剪与构图所形成的"画"，而是更贴近"意境"的概念。强调主体知觉的介入，并借由想象力建构，形成存在、经验、知识等混合的复杂情境体验，由此与空间尺度建立起密切的联系。布局经营、序列组织以及意境生成不仅是园林营造的关注重点，通过在认知层面将此三方面空间化，亦为现代建筑设计提供了园林方法。选取20世纪80年代的香山饭店、习习山庄与王学仲艺术研究所3个案例，采用形式分析及空间图解方法展开精读，探求基于现代"空间"概念的古典园林与现代建筑的耦合路径，以期对"传统—现代"议题影响下的当代建筑设计方法有所裨益。

1 结构重组

中国古典园林以其非对称布局著称，尽管建筑单体之间保持着相对自由的关系，但自由并非意味着逻辑的缺失。事实上，园林建筑的定位是经过精心调控且遵循一定原则的。《园冶》中的"高方欲就亭台，低凹可开池沼。"[13]56"凡园圃立基，定厅堂为主。先乎取景，妙在朝南，倘有乔木数株，仅就中庭一二。"[13]71等论述正是园林建筑布局原则的具体反映。

中国古典园林的独特布局在20世纪50年代便被注意[14][15]，但彼时的关注更多集中在要素组合、景物配置等方面。进入20世纪80年代后，古典园林布局背后相对稳定的空间结构被发掘，并由此发展出结构重组的设计方法。结构重组通过抽象古典园林的空间布局，保证基本空间关系不变的前提下，重新组织要素形成新的空间结构，并以现代建筑手法将其表达。香山饭店便是运用该方法的经典个案之一。

香山饭店位于北京西郊的香山公园内，建成于1982年，由著名现代主义建筑师贝聿铭设计，建筑面积约36000m²，共分为五组建筑群体，采用园林式布局。香山饭店是贝聿铭结合现代主义与中国传统的一次尝试，引发了持续不断的关于"传统与现代"议题的讨论[16]-[19]，启发了之后的园林转译建筑实践。

首先，在整体布局上（图1），香山饭店提取并转化了中国古典园林"廊+房"的空间结构。"廊+房"的结构模式使主要体量打散而非集中，通过廊空间相互连通。这样一来，建筑体量水平延展，布局灵活，能够尽可能多地保留既有树木③，减少对环境风貌的破坏；树木反过来和堆出的山体一起，形成对建筑体量的遮掩，尤其表现在东西两侧。为进一步消解体量，建筑界面通过错位、虚实间隔等手法制造参差错落的形态，并在体量交接处内凹处理，运用光影强化出单元的独立性。然而，这并不意味着统一性丧失，建筑平面依然在非常严谨的整体模数控制下，遵循着对位原则，各个分区显示出$1:\sqrt{2}$及$1:1$的比例相似性。建筑的立面则以白墙、菱形窗洞，以及装饰化处理的客房窗户，维持着一致性（图2）。

在"廊+房"空间结构中，客房主要依照8种标准模式重复[20]，廊空间成为重点处理的部分。如三区大厅与五区客房之间的连廊（图3），通过实体柱与落地玻璃间隔重复，再现了传统廊空间的序列感及通透感。廊空间视觉焦点处的暗与路径的明形成对比，强化透

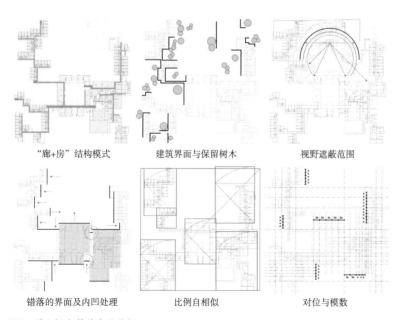

"廊+房"结构模式　　　建筑界面与保留树木　　　视野遮蔽范围

错落的界面及内凹处理　　　比例自相似　　　对位与模数

图1　香山饭店整体布局分析

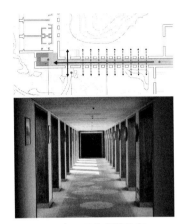

图3　三区与五区之间的连廊

图2　庭园主要立面

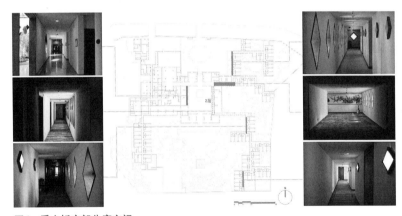

图4　香山饭店部分廊空间

视效果，引导身体向前运动；与此同时，廊外的院落景致将视线引向两侧，并在尽端设有通往两侧院落的出入口。由此提供了多种路径选择，将功能性连廊转变为延长知觉体验的廊空间。事实上，香山饭店的廊空间处理手法多种多样，最常见的是利用菱形窗洞采光与框景，随着位置的变化，其比例、尺度、界面、封闭性等均有所差异，形成丰富的游走体验（图4）。

　　其次，建筑局部空间结构亦被重组，尤其体现在公共大厅溢香厅对传统"厅堂"与"庭院"原型的融合（图5）。溢香厅体现着《园冶》里奠定主要基调的"厅堂"作用，在概念和功能两个层面均作为整个组群的核心。一方面，溢香厅位于建筑组群中心，将整体近似方形的构图划分为四个象限，分别布置其他4组建筑组团；另一方面，溢香厅在功能上承担着流线转换的重要作用，所有廊道体系汇聚于此，借由外圈层的服务空间交接，保证内部大厅的完整性，强化其内向中心特质。在"先乎取景，妙在朝南"原则指导下，溢香厅直接面向南侧庭园与背景群山，且着重刻画从广场至庭园这一路径上的空间变化与景致呈现：从幽仄的入口进入，至庭园处，视

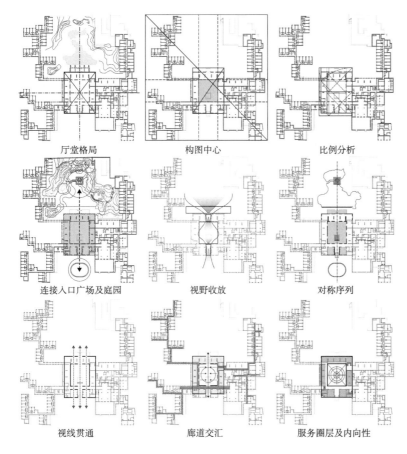

厅堂格局	构图中心	比例分析
连接入口广场及庭园	视野收放	对称序列
视线贯通	廊道交汇	服务圈层及内向性

图5 溢香厅空间分析

野顿开，从开阔低平的水面一直延伸至远处的山体。该轴向序列通过对称布置得以强化，并在中轴线及两侧通过洞口形成层层嵌套的景框，诸如月洞门、梅花形景窗等，使视线从入口广场贯穿大厅直至内部庭园。值得注意的是，溢香厅在结构重组过程中，扩大了梅花形窗洞、菱形窗洞等元素的大小以适应其公共大厅的尺度。

如果说上述操作旨在强化溢香厅作为"厅堂"的统领性，那么四合院空间结构的引入，反转了厅堂相对实体的存在，赋予了公共大厅更强的开放性。最明显的是中央长30m，宽25m的巨大锥形玻璃天窗的使用，此外，内部界面延续了外部界面的处理手法，达到内部空间室外化的效果，强化其"庭院"特征（图6）。事实上，不少学者均指出溢香厅对于中国传统合院空间原型的转译[16]-[18]，"四季庭院""四季厅""常春四合院"等多样的命名也暗示着大厅空间在概念意义上的复合与模糊。进一步分析玻璃天窗，有学者指出其形式为传统"歇山式"屋顶的简化[16]，支撑玻璃的钢结构隐喻传统屋架结构，并以光影的形态呈现（图7）。也就是说，玻璃天窗在形态上模拟传统厅堂屋顶，但其本身的透明性却消解了屋顶的意义，使封闭幽暗的内部空间产生庭院开放的特征。通过厅堂与四合院空间结构的叠加重组，溢香厅不仅保留传统意蕴，同时满足当代的使用功能，某种程度上，重组发生的内在动力恰恰来自于当代新的生产及生活方式。

最后，香山饭店的院落设计以当代使用原则置换了传统院落的文化意义。对比原方案（图8），最终建成的建筑在许多方面进行了调整，如不同院落的尺度差异变大；紧邻四季厅东侧的一进院落被取消，两进院落连通并且向南延伸，尺度扩大，封闭性减弱；原本只有服务功能的二区一层增加客房功能等。其中最值得注意的是所有北向客房取消，很可能与实际使用需求相关。直接改变了传统院落的意义，即院落借由房屋相向而立围合建构起的内向凝聚力消失，其内向性背后是维系家族内部关系的传统生活模式，取而代之的是以私密性为核心要求的景观性客房院落。换言之，传统院落交流与共享的原则被当代建筑私密性和景观性的要求所取代，本质上是传统生活方式的现代化转变。

结构重组作为一种古典园林空间的重构路径，意味着对园林深层空间结构（整体的或者局部的）的识别及抽象化提炼，并对结构关系进行延展、变异及重组，使之与具体场所、功能、生产与生活方式等契合，并进一步利用现代建筑语汇将重组后的空间结构具体化表达。古典园林蕴藏着极为丰富的空间结构与关系，诸如园林建

图7　玻璃天窗结构及其光影　　　图6　内部界面的延续性

图8　修改前后方案对比　　　　　　原方案首层平面院落　　　　　　　　最终平面首层院落

筑正面性与斜向动线的并存关系、亭台的高下关系、各要素的轴线及偏转关系等，被众多建筑师不断再现与重组。

2 深度转换

相比于西方古典建筑对本体的强调及透视方法的使用，中国传统建筑及园林更注重建筑之间关系的营造。如果说官式建筑群以轴向对称的序列形成秩序感的话，那么中国古典园林则以深幽曲折的路径创造不断变换的视觉经验。在对园林路径和空间序列的讨论中，核心之一便是变换的视点[3]。20世纪80年代的一些建筑开始探究空间深度与视觉经验之间的关系，由此衍生出深度转换的空间操作方法。通过强调视觉层面的空间构造，即在路径设计中交替营造深空间与浅空间，制造视觉层面的空间差异性，进而改变使用者的行进方式以形成"步移景异"的整体感知，而深浅空间的交替往往伴随着空间转折的形式出现。习习山庄正是采用该方法的成功案例之一。

习习山庄建成于1982年，位于浙江省建德市石屏乡灵栖胜境风景区内，是葛如亮20世纪80年代设计的系列风景建筑之一④。功能定位为游客进入清风洞前休息茶歇的服务中心，包括接待室、茶室、办公室等。众多学者指出其对中国传统民居的借鉴，将其整合进新乡土主义或者中国现代乡土建筑⑤的脉络之中[21]-[23]，亦存在一些文章指出其对于中国古典园林空间的借鉴[24]。

从整体序列来看（图9），习习山庄由两个"L"形体量水平抽离及上下错位形成两组房间群，通过固定模数和对位原则控制着建筑的整体性。建筑围绕一条明确的入洞路径组织，茶室、售卖等服务空间分布两侧，错落层叠的坡屋顶覆盖其上。彭怒等人指出习习

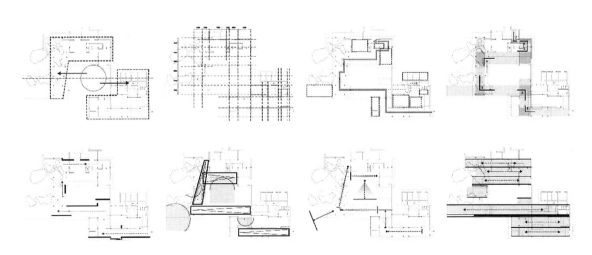

图9 习习山庄整体空间分析

图10 入口深空间

图11 休憩区浅空间

山庄的"L"形空间的7次转折，并通过以"灵栖做法"砌筑的厚石墙与挡土墙起到引导作用[22]。在笔者看来，空间转折仅是第一步，更重要的是转折前后空间的差异化处理。习习山庄通过深浅空间的交替转换，强化了转折的意义，营造出不断变换的视觉效果。深浅空间的交替有赖于层状空间的组织，习习山庄表现出平行于山体等高线的层状分布，层状空间本身具备方向性，平行方向强化透视效果，视线沿纵深方向延伸（图10），而垂直方向极大地压缩空间深度，视线顺着水平方向扩展（图11）。

从具体空间来看，习习山庄每一处深、浅空间均显示着水平与纵深两种力的角逐。行进过程中，尽管存在着主导的视觉经验，但同时另一种视觉经验不断对之产生干扰。于是，对空间的线性感知被消解，取而代之的是模糊而又矛盾的空间体验，正是这种不明晰的状态再现出园林空间的复杂性。最典型的是22.8m长的屋顶下长廊空间，其低点位置位于空间转折处，由四颗支柱限定出互相垂直的条状空间交叠而成的透明性空间，交叠部分呈方形，意味着方向性上的中立，在此处任何一种方向的选择均能成立。东西方向的纵深空间依赖地面的连续性，可看作地表形态的切割与延展。向西拓展的平台则是延伸的结果之一，并通过两侧实墙引导，强化出其运动态势；而南北方向的纵深空间则通过长尾屋顶及其支撑结构序列得以强化（图12）。

正如前述，两个方向的纵深透视空间并不绝对，通过在透视空间中构建水平性元素形成干扰，以提示空间转折。对于东西方向的纵深空间，尽管西侧平台延续了整体态势，但平台外侧为开旷景致，透视空间的纵深感至此被水平环绕的开阔感所取代，运动态势被极大地消解。事实上，从进入平台开始，铺地铺设方向与运动方向垂直，形成对运动惯性的缓冲，并提示着方向的转折。在南北方向的纵深空间，从高点回望低点时，透视焦点处采用"灵栖做法"的墙体，其中线与沿廊空间的轴线并不重合，而是向东延伸，引导视点偏移（图13）。

此外，长廊空间运用了透视变形的处理手法。东侧的柱列相对

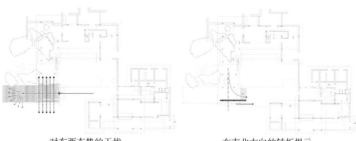

空间交叠　　　　　　　　　对东西态势的干扰　　　　　　　在南北方向的转折提示

图12 长廊空间分析

于整体轴网产生8°左右的旋转（图14），创造出一条斜向轴线，自北向南长廊宽度逐渐减少，梯形空间造成空间透视变形，并借由屋架结构线进一步强调。彭怒等人指出其剖面亦被设计为梯形，随着开间逐渐减小，地面不断降低，长廊最高点的空间高度大于最低点的空间高度，由此构造出剖面的梯形空间，在垂直层面强化透视的变形效果[22]。从长廊高处回望时，柱廊形成多重画框，空间格外深远（图13）。但事实上，其深远之感不仅存在于从高点望向低点，自低点向高点行走时，同样能够体验空间的曲折深幽（图15）。如果说回望时的空间深度很大程度上依赖于梯形屋顶及其结构序列的话，那么低点处视觉的幽深则巧妙地借助了山石界面对空间的挤压（图16）。由南至北，山石界面不断向东扩展，形成对长廊空间的挤压，表现在踏步位置的不断东移，产生微妙的曲折错动。同时，由于山石界面的挤压态势强于结构柱偏移的变化，由南至北的空间逐渐收窄，构造出与屋顶相反的梯形空间。在剖面上，主要踏步的斜率也大于坡屋顶的斜率，从这样的角度来看，运动中的变形透视反而是在强化由南至北的纵深效果。

除了长尾屋顶下的长廊空间，入口空间同样呈现出复杂的视觉

斜向轴线　　　　　　屋顶与结构构造出的梯形空间　　　　剖面的梯形空间

图13　强化自北向南透视的梯形空间

图14　高点望向低点

山石界面挤压　　　　界面挤压构造出的梯形空间　　　　剖面的梯形空间

图15　强化自南向北透视的梯形空间

图16　低点望向高点

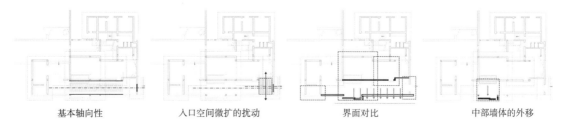

基本轴向性　　　　　入口空间微扩的扰动　　　　　界面对比　　　　　中部墙体的外移

图17　入口长廊空间分析

图18 铺地的轴线错位

图19 中部向南凸出的平台

经验综合（图17）。其轴向序列从山门外便已形成，并通过门洞形成的景框限定，内部长廊的一排斩假石正对山门，并向前延伸形成纵深感。然而，纵深感却在初进山门的小空间被干扰，开间的微妙扩大使入口空间得到强调，并引发与山门轴线的错位，借助长条石与斩假石铺装差异强调空间性质的不同（图18），产生对轴向空间的扰动。不仅如此，对南北方向的强调亦消解着东西轴向态势。通过北侧封闭实墙与南侧开放矮墙的差异化处理，将视线引向环境，引发方向变化，廊空间上部向南侧倾斜的坡屋顶亦强化南北方向。此外，廊中部向南凸出的平台部分（图19），扩大空间形成轴向空间的局部节点，并且通过柱加以限定，强调出与轴向透视及运动相垂直的方向。

深度转换的方法首先将古典园林空间的非对称序列抽象为一系列视觉经验，并通过空间操作的手段重新构造视觉深度及其转换，对序列空间的比例、形态、明暗、方向性等基本特征进行差异化处理，并将彼此对立或矛盾的视觉经验整合于同一空间，由此再现出园林空间的复杂性。

3 尺度压缩

大部分中国古典园林处于闹市，并非隐于山林，其本质为再现的自然[25]。由此便需要通过相应的空间处理，将真实的山川湖海微缩于咫尺方寸之间，使之内部成为一片自足的天地，营造独特的空间意境。学界对意境的概念争议不断[26-29]，笔者将其理解为一种在客观自然景物与主体经验感受的融合基础上，经由主体想象力所拓展延伸并抽象化的结果，其基础与空间知觉体验密切联系。在此认知基础上，空间尺度之于知觉体验塑造的重要性被关注，进一步发展出尺度压缩的方法。通过将部分空间尺度压缩至极限，在空间之间形成强烈对比，进而影响体验者尺度感的判断，创造与日常经验迥异的感受，诱发主体的想象力进行超越真实之景的联想，从而创造出特定意境。王学仲艺术研究所正是运用该方法的经典个案之一。

王学仲艺术研究所建成于1988年，位于天津大学卫津路校区内，由彭一刚主持设计。整体建筑面积不到800m²，性质类似艺术家工作室，功能包括接待室、办公室、报告厅、展厅等。建筑遵循"中而不古，洋而不兴"的理念[30]，以杜甫草堂、辋川别业为理想原型。建筑位于学校两条主干道交汇处⑥（图20），东侧与北侧为教学楼，南侧为地下人防工程，限制了地面荷载，其用地面积局促且环境嘈杂。为了在有限的空间内拓展使用者的知觉体验，一方面王学仲艺术研究所采用外实内虚的界面隔绝外部干扰，西侧与北侧以实墙为主，只开高窗，东侧则设置院落形成空间缓冲，"闹中取静"[31]29以创造出静谧的氛围；另一方面运用尺度压缩方法，极大地压缩建筑南部体量，南部最低点檐口不足2m，行走时颇为压抑。相比较而言，北侧二层体量颇为庞大，以致其在从南至北仅32m的空间范围内，营造出尺度的急剧变化（图21），并且结合层层错落的坡屋顶，形成对真山态势的模拟。

王学仲艺术研究所的廊道空间的尺度压缩成为意境创造的第一步。建筑内院东、南、西三侧廊空间高度被压缩至2.1m左右，形成强烈的压迫感，而在尽端布置大空间强化对比效果，进而产生空间扩大感。空间大小的不断急剧变化模糊着体验者对空间尺度的感知（图22）。最为典型的是内院南侧廊空间，狭窄且幽暗，引发快速的身体运动，但行至尽头的报告厅，空间高度陡然升至将近6m，在尺度感知上形成强烈的对比。同样的逻辑亦存在于东西两侧的廊道中，但设计者在保证空间前后大小对比的基础上，通过细微的空间操作上赋予了不同廊道差异化的体验。在东侧廊道，东侧玻璃界面直至吊顶下边缘，使玻璃在视觉效果上并未被框限，从而强化了内外空间的交融，空间得以水平拓展；而西侧斜向廊道为半室外空间，廊道西侧界面取消，与报告厅以三角形水池为隔，东侧界面在视点高度开设3组弧线型洞口，视线延伸至外部；更精彩的是，在三角形水池上方去掉屋顶，仅留下屋架结构，空间在垂直方向进一步渗透延伸。

如果说廊空间的尺度压缩为意境生成提供了知觉经验基础的话，那么局促用地中的诸多院落空间则完成了从抽象空间到意境想象的关键一步，尽管各处院落实现意境的方式有所不同（图23）。南侧院落起到拓展空间边界的作用，由于内部廊道尺度被压缩至极限，南侧办公室外界面采用大面积的玻璃，建筑屋架结构的延续暗示着院落作为建筑空间的延伸，扩展着办公区域的空间，对比逼仄黯淡的廊空间，强烈的差异化氛围强化豁然开朗的感觉。院落同样起到屏蔽外界的作用，通过屋架与围墙框限出天空一角，使建筑空间成为自足的世界，其中白色墙体、弧形的几何符号、延续的屋架将体验者引向关于陋室的想象之中，进而通过想象力进入传统文人的世界。东侧院落尽管面积颇小，但仍利用围墙划分出内外两种空间氛围截然不同的次级院落，在墙体中断开，形成仅容一人通过的通道，对空间形成收束与限定，加强了透视效果，配合院落植物的恣意生长，营造出幽深不尽的山林意境，仿佛置身于深山之中，使心境处于静谧沉思的状态。中部庭院更是着重处理的部分，不仅通过水面、廊桥、山石、藤蔓、题咏文字等不同要素构筑空间丰富性，强化联想作用，还在本不大的院落中划分出多重层次，实现空间扩大感，从而将知觉经验与想象、记忆、历史等融合，超越真实之景，达到所谓的"胸罗宇宙，思接千古"之境。

图20　建筑位置及环境

图21　建筑东侧透视

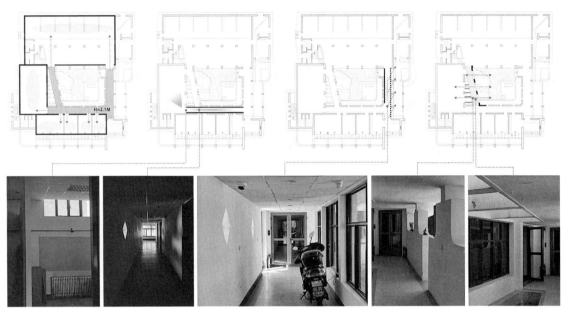

图22　王学仲艺术研究所廊空间分析

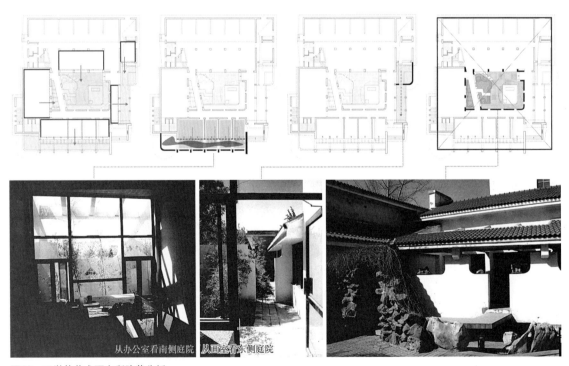

图23　王学仲艺术研究所院落分析

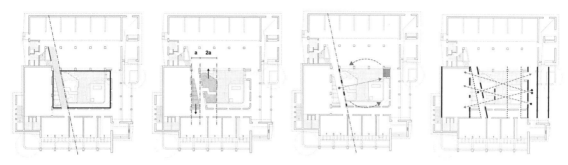

图24 中部庭院操作

在中部庭院的处理中（图24），西侧营造出一方水池，辅以山石，东侧地面则种植树木，构成基本的水陆格局。一条斜廊横跨水池，延伸至北侧展览空间，动势塑造了楼梯的形态。斜廊将水面一分为二，形成狭窄幽深的内水院和开阔疏朗的外水院，大小约为1:2，以斜廊东侧一道较为封闭的外墙为隔。斜廊不仅通过改变视线方向扩大空间感，同时与内院东北部的门洞一同引发了一种旋转动势，产生不稳定空间感，消解了方正边界的秩序感。斜廊东侧的墙体在中部断裂，一条"之"字形石板桥延伸出来，延续着斜廊引发的动态感，跨越水面连接到地面，并通过假山堆叠的洞口对末端加以限定（图25）。院落借助墙、桥、廊、地面的划分形成，划分出众多层状空间，使空间有限的院落反而不显局促。而多种要素不断提示着某种时间性因素的存在，并将这种时间性叠加于不断变动的、扩大的空间感知之中，从而进入一种古今交融的意境之中。

图25 假山与洞口视线关系

相比深度转换对主体视觉经验的依赖，尺度压缩则是在身体—知觉经验的基础上展开的。尺度压缩的方法通过对空间尺度的极限控制，从而制造身体与空间之间的张力，借助"极大""极小"空间的对比，使得尺度感的判断失效，创造出与日常经验迥异的氛围，正是在对日常经验的脱离中，体验者得以"超越具体的有限的物象、事件、场景，进入无限的时间和空间"[27]，借助想象力完成对特定意境的构造。

4 结语

本文针对园林及建筑设计的三个方面——布局组织、序列营造和意境生成——提出了结构重组、深度转换和尺度压缩3种园林方法：将古典园林抽象为一系列空间结构，重新组合，并以现代方法具体表达；从古典园林视觉构成进行讨论，通过构造空间深度差异，不断变换视点；效仿古典园林对真实山水进行缩放重构，并模糊尺度感，借助想象力生成意境。3种方法关注建筑设计的不同侧面，立足于现代建筑"空间"概念，以抽象的空间操作而非符号截取、形式模仿、景物移植等具象手段转译中国古典园林。事实上，这也正是20世纪80年代中国现代庭园建筑的设计操作最为重要的特征。

在传统文化复兴背景下，3种方法赋予了建筑独特的文化内涵，蕴含在其中的文化图式仍然具有强大的生命力。中国现代建筑对传统民居与园林的借鉴，体现着现代性在中国的特殊发展路径，成为理解中国建筑转型的重要线索。

方法的寻求对解决建筑基本问题极富启发性。在上述案例考察中，香山饭店面临的问题是如何在响应环境的同时满足当代功能需求，求解建筑体量与自然环境的冲突性，"廊+房"结构因其形式上的灵活性巧妙地避开了重要树木的位置，与环境产生有机关联。习习山庄面临着路径规划如何服务于体验的核心问题，通过空间转折将垂直运动的压力转化为探索的动力，进一步利用深度转换以丰富路径序列。王学仲艺术研究所借助古典园林营建策略，在其尽可能隔绝外界环境的条件下，以尺度压缩的方法创造出知觉经验的空间对比。

如果说20世纪80年代的园林空间重构方法是根植于彼时广泛传播的空间理论的话，那么在当下又该基于何种视角重新看待古典园林这一历史文化遗产？当代建筑设计中的园林重构所依靠的知识基础又是什么？这些议题都有待于进一步的研究与讨论。

图片来源：

图13：参考文献［22］
图20：改绘自参考文献［27］
图21：参考文献［27］
图23：照片来自参考文献［27］
其余图片均为自绘或自摄。

注释：

① 1979年《建筑师》杂志创刊，在20世纪80年代初设置了"国外建筑师介绍""外国建筑介绍""译文"等专栏对西方建筑理论及实践进行了大量介绍引进。此外，1987～1992年间，由汪坦主持翻译的"建筑理论译丛"出版，该丛书由11本国外建筑理论专著组成。同一时期，中国建筑工业出版社出版了"国外著名建筑师丛书"，首批12册介绍了世界著名的12位现代主义建筑师。

② 原文为"But garden architecture in China is so delightfully informal and playful that even without flowers and trees it would still make a garden."原文刊登于《天下月刊》（*T'ien Hsia Monthly*），1936年10月。

③ 贝聿铭曾谈及对既有树木的保留成为建筑形式设计的出发点："那一带原先就有许多古树，我们便将建筑围着它们设计，因此才形成了蜿蜒曲折的建筑形式。"参见参考文献［28］171页；作为香山饭店设计的参与者，贝聿铭建筑师事务

所的黄慧生主要负责了既有树木的保留过程："香山公园里有很多松树，长得很
特别。所以一开始设计时，我们的选址就要留下那些珍贵的树……我在图纸上，
把所有松树的位置都标了出来。"参见参考文献［29］179页。

④葛如亮于20世纪80年代进行了大量风景旅游区规划，其中设计了不少风景建筑，
其在1980～1986年间完成了近30项设计成果，包括天台山石梁飞瀑茶室、习习
山庄（也称灵栖1号）、瑶圃（也称瑶琳2号）、餐霞楼（也称灵栖2号，部分建
成）、翠谷山庄、水上旅游旅馆、大樟树旅游旅馆、缙云电影院、新安江体育俱
乐部、新安江电讯大楼等，此外还包括瑶琳风景区规划、瑶琳1号、灵栖3号、
碧东坞风景建筑等项目方案。

⑤乡土主义作为地域主义理论的一部分，与国际主义现代式相对。乡土主
义存在"保守式"（conservative attitude）和"意译式"（interpretative
attitude）两种倾向，新乡土主义即为后者，相对前者更为抽象。新乡土是
朱剑飞在1997～2002年间常提到一种"晚现代—新乡土"（late modern-neo
vernacular）的风格，后改为现代乡土，指不同于现代主义对于体量的重视，
也非乡土建筑中对于具象符号的使用，是一种在更加抽象的解析层面上结合国
际现代和本地乡土传统的风格。"乡土建筑"亦称"风土建筑"，由伯纳德·鲁
道夫斯基（Bernard Rudolfsky）在现代艺术博物馆的展览"没有建筑师的建
筑"及同名著作中提出，指那些被主流忽视的来自民间和本土的大众所使用的
建筑类型，乡土建筑具备某种匿名性、自发性等特征，"传统民居"即为典型的
乡土建筑。

⑥该总平面图为彭一刚先生设计方案版本，实际建成建筑的位置有所西移，具体
为建筑西侧边界与北侧的化工楼西侧边界齐平。

参考文献：

［1］张楠，孔宇航，师晓龙. 中国现代建筑中的园林话语建构与观念流变（1954-
　　2022）［J］. 建筑学报，2023，654（5）：101-107.

［2］顾孟潮. 建筑设计的现状与未来［G］//建筑师：第47期. 北京：中国建筑工
　　业出版社，1992：3-11.

［3］潘谷西. 苏州园林的观赏点和观赏路线［J］. 建筑学报，1963（6）：14-18.

［4］郭黛姮，张锦秋. 苏州留园的建筑空间［J］. 建筑学报，1963（3）：19-23.

［5］彭一刚. 庭园建筑艺术处理手法分析［J］. 建筑学报，1963（3）：15-18.

［6］程世抚. 苏州古典园林艺术古为今用的探讨［J］. 建筑学报，1980（3）：
　　6-12，3-4.

［7］黄玮. 古典园林传统如何古为今用［J］. 建筑学报，1980（5）：26-27.

［8］邓林翰，斯慎侬，黄居祯. 也谈遗产、传统与革新［J］. 建筑学报，1981
　　（11）：47-49.

［9］彭一刚. 中国古典园林分析［M］. 北京：中国建筑工业出版社，1986.

［10］童寯. 童寯文选［M］. 李大夏，方拥，译. 南京：东南大学出版社，1993.

［11］童寯. 江南园林志（第二版）［M］. 北京：中国建筑工业出版社，2013.

［12］JULIEN F. 迂回与进入［M］. 杜小真，译. 上海：商务印书馆，2017.

［13］计成. 园冶注释［M］. 2版. 陈植，注释. 北京：中国建筑工业出版社，
　　1988.

［14］陈植，汪定曾. 上海虹口公园改建记——鲁迅纪念墓和陈列馆的设计［J］.
　　建筑学报，1956（09）：1-10.

［15］上海市园林管理处. 上海市西郊公园的规划设计［J］. 建筑学报，1957
　　（12）：32-37，57.

［16］彭培根. 从贝聿铭的北京"香山饭店"设计谈现代中国建筑之路［J］. 建筑
　　学报，1980（4）：14-19，4.

［17］王天锡. 香山饭店设计对中国建筑创作民族化的探讨［J］. 建筑学报，1981
　　（6）：13-18+3.

［18］周卜颐. 从香山饭店谈我国建筑创作的现代化与民族化［J］. 新建筑，1983
（1）：17-22.

［19］胡恒. 当他们谈论"现代建筑"时，他们在谈论什么?——1980-1992年的
《建筑学报》与香山饭店［J］. 建筑学报，2014，No.553（Z1）：40-45.

［20］顾雷. 三访香山饭店［J］. 建筑师，1983（3）：105-118.

［21］王炜炜. 葛如亮"现代乡土建筑"作品解析［D］. 上海：同济大学，2007.

［22］彭怒，王炜炜，姚彦彬. 中国现代建筑的一个经典读本——习习山庄解析
［J］. 时代建筑，2007，97（5）：50-59.

［23］支文军. 葛如亮的新乡土建筑［J］. 时代建筑，1993（1）：42-47.

［24］朱剑飞. 中国建筑60年（1949-2009）：历史理论研究［M］. 北京：中国建
筑工业出版社，2009.

［25］童明. 作为异托邦的江南园林［J］. 建筑学报，2017，591（12）：98-105.

［26］蒋寅. 语象·物象·意象·意境［J］. 文学评论，2002（3）：69-75.

［27］叶朗. 说意境［J］. 文艺研究，1998（1）：16-21.

［28］蒋寅. 原始与会通："意境"概念的古与今——兼论王国维对"意境"的曲
解［J］. 北京大学学报（哲学社会科学版），2007（3）：12-25.

［29］毛宣国. 宗白华的意境理论及启示［J］. 求索，1998（3）：94-98.

［30］彭一刚. "中而不古、新而不洋"的求索——析王学仲艺术研究所方案构思
［J］. 建筑学报，1989（7）：24-28.

［31］彭一刚. 传统·现代·融合：彭一刚建筑设计作品集［M］. 武汉：华中科
技大学出版社，2014.

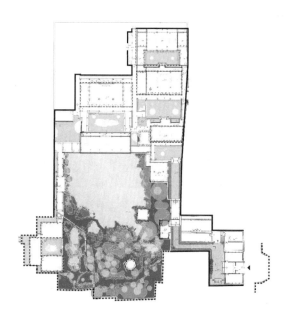

园居体验·情境再现

　　古典园林在成为当代公共建筑设计参照的同时，能否为住居空间设计提供范本？当下中国住居空间场所感缺失、设计方法匮乏，古典园林营建方法的当代演绎终将会带来新的空间体验。文章选取艺圃、网师园和沧浪亭为研究对象，基于空间图解分析与现场考察，从空间建构、路径组织、景境营造三个维度梳理古典园林营建方法。在空间层面，发掘园林空间层级嵌套规律，构建画意投射、景观弥漫、边界渗透三种"园—居"互嵌方法；在路径层面，揭示"路径—视景"在空间序列与操作上的联动方式，讨论其层次延展、折叠压缩、多维流转的游观路径设计逻辑；在景境层面，通过剖析人的整体性感知体验，提出深度错觉、知觉迁移与片段重组的景观意境生发方式。在此基础上试图建构古典园林营造与当代住居设计的"园—居"耦合策略，为可持续发展人居环境优化提供新的设计视角。

1 传统园林与住居理想

园林源于人类防止外界侵袭的空间活动，在不断的演变过程中，创造美的意愿以及人类生活环境远离大自然后的疏离感与不适应性，促成了真正意义上的园林[1]。建筑内部空间在外部的延伸提供了身体与精神的双重满足，刘敦桢在《苏州古典园林》中分别以布局、理水、叠山、建筑、花木几个部分阐述园林营造的原理与基本方法，其中建筑部分的笔墨最多，亦从侧面说明了苏州古典园林关于"居"的内涵是不可或缺的[2]。然而，居住与园林的内在关系在当代住居空间中被逐渐淡忘，生存型与商业性住居建筑设计成为建筑创作主体的主要出发点，并与特殊时期的国家经济复苏政策共同造就了近四十年当代中国"住居奇观"。随着国内整体环境意识的觉醒与文化寻根性的兴起，追求精神诉求的理想人居环境将成为一种新趋势，让自然参与设计，让自然过程伴依每个人的日常生活[3][4]。中国古典园林将生活世界与自然环境交织、路径游观与视景营造并重、身体体验与场所氛围高度契合的造园方法为塑造理想"园—居"空间提供了有价值的参照。古代"天人合一"哲学观的回归，追求与环境共生与场所精神成为新的设计导向，苏州古典园林为当代住居空间的优化指明了方向。

在当代语境下，基于古代营建观念、方法的设计研究正在兴起，然而由于长期的惯性，历史研究与设计探索彼此脱节，从而导致建筑教育与实践近百年来一直沿袭西方现代建筑理论与方法[5]。文章选取3个具有代表性的典型苏州园林：艺圃、网师园、沧浪亭，进行形式生成精读。运用图解分析，对园林空间信息进行抽象归纳和可视化表达，求解园林内在组织规律，进而通过对空间结构特征、场景构成要素的提取，分析其从整体到局部各个层级的对应关系，并从生成性视角探讨"园—居"空间建构逻辑。从而反思当下中国住居空间的文化无根性、场所感缺失现象，基于建筑与环境有机融通的视角，从空间互嵌、路径游观与景境塑造3个层面，探讨古今耦合的可持续发展设计观及其相应的设计方法。

艺圃的整体空间布局遵循"前园后宅"原则，平面组织中以双轴呈现，住居空间设计占据主导地位，前园的设置隶属于主人居所的一部分[6]（图1）。网师园着重将"居"的不同属性"散落"在园林中，借助园墙、石山、林木等边界要素划分不同居住单元，在空间几何关系中，主园占据中心，住居秩序在入口南北轴线上被刻意强化[7]（图2）。清代重修后的沧浪亭成为兼顾文化传播与教化功能的官府园林，游赏性与文化性共存。如果说网师园将园与居并列为同等重要的地位，沧浪亭则是以叠山理水为主体，建筑则以相对碎片化的方式介入园中，平面由南至北以层级关系呈现，建筑要素内

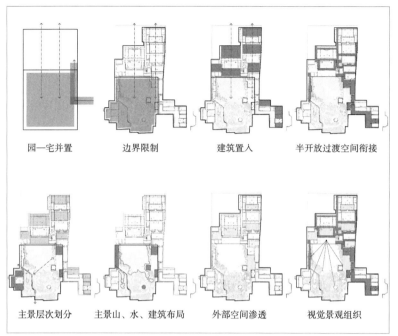

园—宅并置　　　　边界限制　　　　建筑置入　　　半开放过渡空间衔接

主景层次划分　　主景山、水、建筑布局　　外部空间渗透　　　视觉景观组织

（a）艺圃空间生成性操作分析

（b）艺圃图底关系与空间结构特征

图1　艺圃空间特征与生成分析

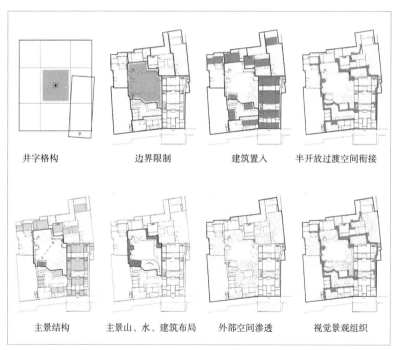

井字格构　　　　边界限制　　　　建筑置入　　　半开放过渡空间衔接

主景结构　　　主景山、水、建筑布局　　外部空间渗透　　　视觉景观组织

（a）网师园空间生成性操作分析

（b）网师园图底关系与空间结构
特征

图2　网师园空间特征与生成分析

（a）沧浪亭图底关系与空间结构特征

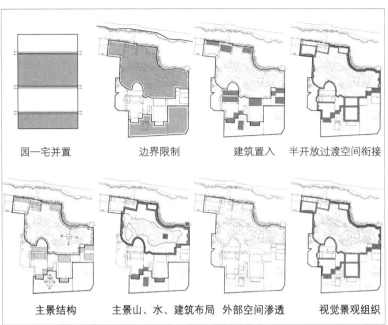

园—宅并置　　　边界限制　　　建筑置入　半开放过渡空间衔接

主景结构　　主景山、水、建筑布局　外部空间渗透　视觉景观组织

图3　沧浪亭空间特征与生成分析　　　　　（b）沧浪亭空间生成性操作分析

设于山水花木之间（图3）。通过对3组空间结构不同、尺度不一的园林案例考察，试图建构起"空间—路径—景境"的"园—居"分析框架，梳理园林空间建构逻辑并将之与当代住居空间进行对照，提出适应当代人居方式的空间重构方法，并揭示古代园林空间营造与当代住居空间设计内在耦合机制。

2　空间互嵌

"互嵌"代表一种非对立并置、边界相对模糊的空间状态，苏州古典园林在边界之内，实现了内、外空间的深度融合。通过对艺圃、网师园、沧浪亭园林空间的构成分析，发现三者分别呈现出画意投射、景观弥漫、边界渗透3种"园"与"居"的空间互嵌方式。

"宅—园"共存是艺圃"园"与"居"的主要组构方式，两组明显的南北轴线，分别为住居与赏景需求，西侧轴线上，浮光阁水榭正对南向山水园景，东侧则运用传统民居组群中"建筑—院—井"的纵深组织方法。水榭巧妙地成为园与居的锚固点。在对南园景观营造中，水面、假山、山亭、游墙、共同塑造了山水诗境，视线穿过右前方的折桥和圆洞门，可以感知深处神秘空间的存在，造园者将住居理想投射至园景构造中，并将山水画意寄托在深宅之中。艺圃通过压缩园景空间塑造了其主轴上的画意视景，从而构建主人理想中的"园—居"共生的世外桃源（图4）。

网师园则将居住空间单元化，分为会友、弹琴、读书、居住等独立空间，从而实现园主不同身份的建构，形成了单元组构式的"园—宅"空间，在此情形下，不同的自然景趣弥漫在居住单元形成的并构空间中，"园"与"居"之间的边界被消解，相互嵌构。将不同单元需求通过景观组织，景观要素与行为感知互为影射，如在梯云室庭院中，壁山依托五峰仙馆分割南北院落，主厅隐于山后，人的行进路线多次扭转，绕壁山前行，梯云室正面逐渐显现，转入庭院南侧时视野开阔，在狭长的庭院中通过南北向的景观层次构造，形成多重浅空间叠合以塑造幽深空间（图5）。

沧浪亭从北至南由水系、园廊、山林、居所四个部分构成，建筑呈南北相夹之势。其中部绵延"群山"作为园群空间的中心，四周延展的游廊路径弯曲折叠，将园中各住居空间边界联通，由此产生内与外、居与园的互渗。主体"园"依据山体不同形势塑造游廊多维景态，连廊成为山景的取景框，复廊、门洞、漏窗产生的视觉与空间渗透，使园与居、内与外场域要素彼此关联；南侧居所部分，游廊由山体环绕转变为建筑连接体，连续的折廊与主体建筑间形成了多个不规则天井，在折廊不同视觉方向上塑造了不同的空间景深。"廊"作为空间构架和内与外、园与居的场域边界，园林景致产生了不同程度的渗透与交叠（图6）。

在当代住居空间设计中，投射、弥漫、渗透三种方式亦均以各种形式存在，问题的症结在于外部空间与内部空间的互嵌度微弱或根本不存在，园与居内外整体设计与有机营造在近四十年的住居空间实践中趋于式微。

3 路径游观

在游观体验中，"路径—视景"共同引导空间序列的展开，从而让人获得精致日常生活空间体验，反映了古人在造园营景时对生活品质的追求，通过对三组园林路径、视景的分析，提出层次延展、折叠压缩、多维流动的园林空间序列组织方式，从而为当下住居空间模式更新提供参照。

艺圃入口处双折型室外廊使该园宅充满神秘感，每个转折处以对景构之，穿过入口"L"形通道后转为南北向，在行进过程中可以透过左侧洞口瞥见园林一隅，窄廊尽头是居所主入口，多重界面叠合强化其空间纵深感，居住空间逐层纵向深入。作为延光阁水榭的对景，前园空间组织亦似是一幅缩尺的自然山水场景，沿岸水亭、石矶、林木、叠山，视觉景观层层后退，在垂直维度上升起，登山临水的小径若隐若现，视景的层次与景深在水平、垂直维度上的延展产生了空间的无限性与深远性（图7）。

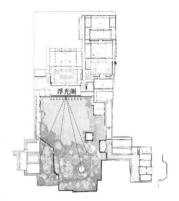

图4 "园—居"空间互嵌模式：画意投射

图5 "园—居"空间互嵌模式：景观弥漫

图6 "园—居"空间互嵌模式：边界渗透

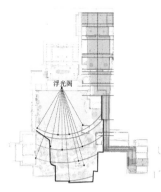

图7 路径游观模式：层次延展

图8 路径游观模式：折叠压缩

图9 路径游观模式：多维流动

网师园则以不同类型的边界形成井构空间，路径连接各个空间单元，穿越边界形成的视景是网师园游观路径营造的关键，一方面邻接院落边界上的连廊沿墙体两侧穿插交织，形成景域转换；另一方面井构墙体在不同景域间创造出小尺度间隙如井院等，作为过渡空间连接不同单元，在二维平面上通过连廊折叠，适当压缩空间产生场域转换过程中的张力。院宅单元在南北纵向上层层展开，在东北角梯云室庭院释放，扩宽的廊空间正对山石，形成宅居到赏景的转换；从梯云室到五峰书屋院落通过井构院墙夹持形成"L"形井院，折叠连廊置入，连接片段化的生活场景；集虚斋与主体水景院通过圆洞门建立关联，天井的缓冲使得视景形成"如画—入画"的变化；殿春簃转入主体水景院则是通过墙体两侧的线性廊道交织形成放大结点，以身体的回旋和对主体水景收与放塑造过渡空间。网师园路径沿各单元空间边界展开，并经由不同尺度空间的折叠和边界结点处景域的变化，实现视景的压缩与释放（图8）。

沧浪亭中迴廊高低错落、曲折有致，或合于山水之间，或正连、侧连于建筑，时而紧凑、时而疏离，既分而隔之，又将各要素有机整合，成为各空间相连的重要元素。以沧浪胜迹坊与跨于水体之上的小桥作为路径始点，经由大门一片墙作为障景，入园即山景，视点从外部园景的水平延展突然被抬升，视景深度被压缩，群山景观被聚合在内部，亭据山巅，四周起伏游廊形成主景的多维视点；东南角游廊的连续性被阻断，转入闻妙香室，通过连续转折的对角空间，游者的感受从山林的自然野趣，转为内向式庭院与天井空间；闻妙香室和明道堂庭院间通过"L"形连廊实现景域转换，此处单面游廊漏窗侧通过庭院小景暗示南侧生活性空间的存在，伴随视距的拉伸，形成对沧浪亭主体形象的完整呈现；西侧游廊穿行于山脚，墙体与山体间塑造山谷间行的空间体验；南侧静香馆与明道堂间通过三个竹林小轩醉玲珑对角串联，行走间如同一幅逐渐展开的竹林画卷，看山楼悬于林间只露出一角，王澍曾多次谈及此处的景观构造，其与醉玲珑分别代表了垂直和水平维度下的"曲折尽致"，多次身体转折间，空间整体感被瓦解，目光被分解到每一面墙上和每一处景观构造中，使得园林居正与灵动同时存在[8]，沧浪亭连续游廊塑造了多维流转的空间体验（图9）。

也许由于工业时代所带动的住区空间的集聚性与高密度使建筑师在构思过程中，用流线型的功能路径替代了古典园林中路径的观赏性内涵，以流线便捷作为空间组织的主要考量，在对住区外部空间的设计中所花笔墨甚少，对内部空间的简单流线设计与外部空间的平铺直叙造成了大量的平庸化空间，借用古人造园的路径与视景营造方法，无论是未来社区更新还是乡村营建中均有其重要的启示意义。

4 景境塑造

如果说关于空间的互嵌与路径的经营可以从平面中阅读，那么真实场景的感知则更令人流连忘返，"造境"是园林营造的关键[9]，陈薇在讨论中国古典园林中写道"横看成岭侧成峰，远近高低各不同，从而产生了近景欲屏障、中景可对望、远景巧因借的艺术手法"[10]，于有限空间中体验无限意境。与路径空间中的视觉景观塑造不同，景境更展现造景的知觉迁移与重叠，产生视觉空间的深度错觉，构造多知觉联感的场景体验，抑或形成感知片段的叠加印象，也许用空间的"混沌"与"非线性"来描述则更加贴切。

在艺圃中，园景以墙衬景，在画面水平维度展开中，西南侧斜向墙体隔出小型院落，院落内部又以墙体—洞门划分下一层级空间，双层墙体成角错置，前置小桥形成视觉引导，墙体门洞的错位与后退，空间压缩以产生视觉深度，在有限园景中通过视线引导与遮蔽，引发对未知空间的想象与神秘性（图10）。在网师园中井构单元以差异化的景观塑造应对不同生活场景需求，不仅是景观置入，同时亦关注景境流转中形成的戏剧性效果，构造多知觉联感。殿春簃小院南北纵深长，东西窄，中空而边实，山石，池涧沿东南靠墙布局，冷泉亭南侧粉墙漏窗前藏路于峰、藏泉于谷，东侧连廊南沿壁太湖石则藏洞于山，山石从庭院东侧沿墙向西侧延展，洞壑、涧池、山道等景观意象穿插其中。树木丛生掩映下，冷泉亭依西墙凌石而建，在有限的院落空间中模拟山林间"游"之所往的空间原型：出"幽郁"以达"旷如"，主殿内部北侧小天井略置叠石，并植有竹、蜡梅、芭蕉，透过长方形窗框构成框景，如李煜所述"窗非窗也，画也；山非屋后之山，即画上之山也"[11]。此屋联语恰点名该景境"巢安翡翠春云暖，窗护芭蕉夜雨凉"，多景组合在同一画面里，调动了人们的视觉、听觉，"暖""凉"又作用于人们的肌肤感觉[12]。

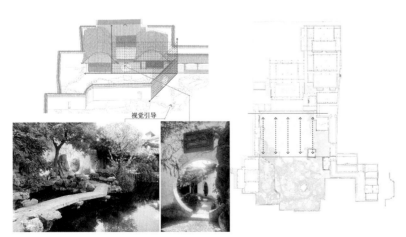

图10　景境塑造模式：深度错觉

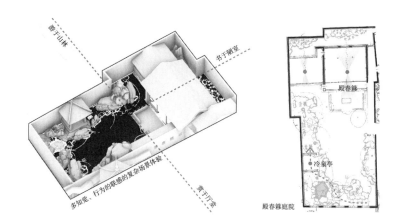

图中标注：游于山林、书于陋室、多知觉、行为的联感的复杂场景体验、赏于厅堂、殿春簃庭院、殿春簃、冷泉亭

图11 景境塑造模式：知觉迁移

而西侧偏殿书房隐蔽在山石、林木后，其后天井以墙为布，前置小景，两侧景致产生静态、隐秘的空间构想。在有限空间中，通过多知觉的迁移与重组，产生游于山林、赏于厅堂、书于陋室的多重空间体验（图11）。

陈从周在"园林有境"中总结了5种方法：漏景、框景、对景、夹景、添景[13]，不只是一种景观构造，同时意味着空间感知的流转与层叠，既浑然一体，又片段清晰。沧浪亭从沿河外围边界开始，通过复廊塑造两侧异化的景观，沿着西侧的观廊而上，门洞漏窗的形式交替呈现，水景在外，山景在内，游廊作为摄景媒介，墙上漏窗剪接画面，为体验者呈现蒙太奇般的场景拼贴，使其在旷与奥中神游。明道堂西侧开始，游廊起伏加剧，曲线游廊在西南侧于山林间围合出一处"洞壑"，此处游廊起盘道蹬山之势，深潭与山林、廊壁间垂直维度上的对比塑造"深"境，而山体侧和游廊墙体上的洞口则暗示了两侧连续性空间的存在，形成"别有洞天"神秘而隐蔽

图中标注：沧浪亭、明道堂

图12 景境塑造模式：片段重组

性的空间构想。同时连绵山体与游廊的相对关系塑造深、远、狭等不同山林体验，山亭与山洞的存在，通过叠山组景在垂直维度上延展了园林的诗情画意（图12）。

在当代住居设计中，关于景境的经营与塑造被淡忘，机械理性的设窗只为通风与采光的人类基本需求，对场地的处理仅仅以满足绿地率作为标准，人在住居空间中的场所感消失。关于美学考量，仅考虑比例、尺度的推敲而忽视以人视觉观看为主导的形式美学，亦不注重节点的细部推敲与匠心营造，景境塑造将为建筑创作者提供新的启示。

5 结论

对历史的回溯是为了构建更加可持续的未来，以"园—居"为主题，探讨中国当代住居空间和设计方法是立意所在。从设计视角出发，选取苏州园林经典案例进行解读与研究，并非是历史的重现，而是探讨如何重构当代住居空间营建观念、理论与方法，正如人类语言一样，传统智慧是不可以轻易放弃的，无论是西方的文艺复兴建筑与现代建筑，还是日本的当代建筑，均体现出其悠久的建造传统，并建立了不同历史时期新的建筑范式。古代的苏州文人与士族以"天人合一"的环境观与工匠精神营造了传世的苏州宅园，其空间的互嵌与弥漫、游观路径的起承转合、不同层次景境的塑造为当代住居空间提供了转译与重构的密码与线索。建筑有机交融在自然环境之中，在理水、叠山、布景、种植等多种手法的巧妙组合中，追求空间的多重感知与观景的层次与景深，将不可见的园林内在图式通过自然与人工的要素进行系统整合，从而构建理想的人居环境，为当代住居空间提供既理性又诗性的设计参照。

图片来源：

图1~图11：网师园、沧浪亭平面图根据以下文献改绘：陈薇，是霏. 中国古建筑测绘大系——江南园林［M］. 北京：中国建筑工业出版社，2022；艺圃平面图根据以下文献改绘：张文波. 苏州艺圃［M］. 北京：中国建筑工业出版社，2017.

图12：沧浪亭剖面图根据以下文献改绘：林源，岳岩敏，汶武娟，等. 尘外画中——西安建筑科技大学古典园林测绘图辑2011-2014［M］. 北京：中国建筑工业出版社，2022.

其余图片均为自绘或自摄。

参考文献：

［1］朱建宁. 西方园林史［M］. 北京：中国林业出版社，2008.

［2］刘敦桢. 苏州古典园林［M］. 武汉：华中科技大学出版社，2019.

［3］顾孟潮. 后新时期中国建筑文化的特征［J］. 建筑学报，1994，（5）：24-31.

［4］俞孔坚，李迪华，吉庆萍. 景观与城市的生态设计：概念与原理［J］. 中国园林，2001（6）：3-10.

［5］孔宇航，辛善超，张楠. 转译与重构——传统营建智慧在建筑设计中的应用［J］. 建筑学报，2020，（2）：23-29.

［6］张建宇，苏州园林之宅园关系研究［M］. 西安：陕西师范大学出版社，2015.

［7］孙晖，韩然屹. 往复无尽——解读网师园空间体验的复杂性［J］. 建筑师，2012（4）：54-58.

［8］王澍. 造房子［M］. 长沙：浦睿文化/湖南美术出版社，2016.

［9］童明. 眼前有景　江南园林的视景营造［J］. 时代建筑，2016（5）：56-66.

［10］陈薇. 当代中国建筑史家十书：陈薇建筑史论选集［M］. 沈阳：辽宁美术出版社，2015.

［11］李渔. 闲情偶寄［M］. 上海：上海古籍出版社，2000.

［12］曹林娣. 苏州园林匾额楹联鉴赏［M］. 北京：华夏出版社，1999.

［13］陈从周. 园林有境［M］. 长沙：湖南美术出版社，2023.

聚落图式·语言建构

　　中国传统聚落的空间组织模式是在千年以来的传统营建思想与文化观影响下，形成的一种"空间—自然—人文"互动模式[1]。该模式存在着程式化与类型化特征，具有独特的空间结构形式和设计语汇，并在地域性语境下发挥着传递人文信息和组织社会活动的作用。如何从物质文化实体遗存向空间结构逻辑认知进行蜕变，成为传统聚落空间的营建传承与当代转译的核心问题。语言学则为我们提供了一则路径。运用语言学的结构主义认知逻辑，将传统聚落文化空间从载体的物质性表征引向对住居环境的结构性思考；而后，借鉴空间图式语言的表达形式，解析聚落整体空间的尺度、结构、秩序和意义特征，揭示聚落空间的形成机理和营建智慧；最后，基于语汇要素、句法结构和语境规则三大系统，构成微观—中观—宏观多维尺度嵌套下重识聚落空间的语汇和语法逻辑体系。以之为转译生成方法，为传统聚落空间营建与重构提供新的认知视角。

1 语言与图式在物质空间的研究

哲学、人类学、社会学、语言学等相关学科已广泛关注到了语言学在物质空间的研究应用。1837～1901年维多利亚时期，以皮特·里弗斯（Pitt Rivers）为代表的学者将语言的类比法运用到物质文化研究中，通过语法结合对象的不同形式[2]；1975年，美国人类学家詹姆斯·迪兹（James Deetz）与亨利·格拉希（Henry Glassie）推动了将基于语言学模型的结构主义运用于物质文化中这一研究方法以及类比技术的发展[3]。美国人类学家阿摩斯·拉普卜特（Amos Rapoport，1982年）在《建成环境的意义 非言语表达方法》指出人类的记忆和心智中存在"图式"，以理解个体事物结构的内在的逻辑秩序，并限定其各种成分和"网络"，形成推理和思维能力[4]；日本学者原广司（1982年）指出空间图式是我们通过语言、逻辑式符号对体验到的情景概念化的思考活动，有意识地对空间进行构想[5]；挪威学者诺伯格·舒尔兹（Christian Norberg-Schulz，1963年）借助"中心""方向""区域"概念化"场所""路径""领域"诸空间情景要素，组合建构"存在空间"知觉图式理论[6]。凯文·林奇（Kevin Lynch）在让·皮亚杰（Jean Piaget）认知结构的基础上研究城市体验主体的心智地图"描摹"，并总结出城市意象五要素及其图式[7]。日本学者藤井明指出空间图式存在于聚落营建者的思想意识中，具有固有的几何学的内在秩序，以图像的语言表达形式经过序列化、区域化和符号化完成空间构成的图式[8]。

因此，空间与语言一样具有作为传情达意和信息传输的媒介符号、作为认知和描述事物的表达工具、作为文化储存和传播的容器载体这三大功能，其认知方式和组织的逻辑结构与语言同属于基本图式认知体系中。我们试图结合图式认知理论，借鉴语言学的解构主义认知方法，实现对传统聚落空间组织的系统性描述、空间秩序的解析和空间结构的转译。图式语言作为空间表达的途径，借鉴语言的组织逻辑与结构，将空间语言化[9]。最后从不同尺度案例的空间图式和结构逻辑中归纳具有普遍意义和共性的模式，形成传统聚落空间图式语言逻辑体系，包括语汇要素系统、句法结构系统和语境规则系统。

2 空间图式语言语汇要素系统

2.1 空间图式语汇要素类型与提取

传统聚落空间的基本要素相当于语汇语素。构成要素由于营建材料、工艺和结构体系的传承，往往类型相似，而对应的语汇语素则因为空间的分类功能而表现出词性的变化以及在空间序列中的语法地位不同而产生的词形变化，构成了丰富庞杂的空间图式语汇"词库"。其中，名词（N），即具有功能和构架的空间实体；形容词（A），即装饰性和附属性要素，修饰丰富实体空间；动词（V），即具有动感的路径空间，承载人群穿越、停留、遮蔽、瞭望等行为活动的外部公共空间；副词（D），即限制性空间要素，修饰或限制外部公共空间和历史文化要素，表达范围和关系程度；介词（P），即自然环境要素，以表示空间的所处位置、状态、时间、目的、方式、比较对象等。传统聚落空间特色具有识别性特征的空间要素则是"关键词"，每种类型空间要素单元由于形式、位置、材料和功能的差异，表现出语义的变化，因而呈现出不同地域的空间特色（表1）。

要素空间图示表　　　　　　　　　　表1

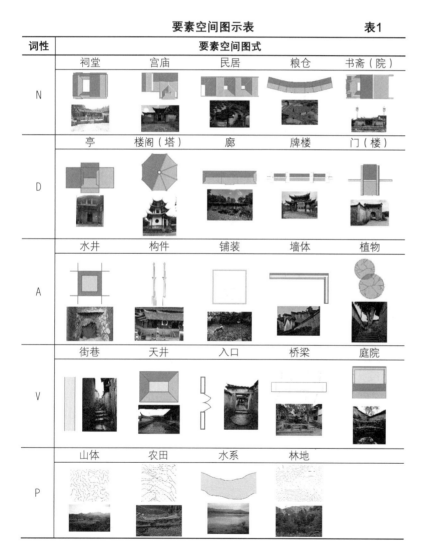

词性	要素空间图式				
N	祠堂	宫庙	民居	粮仓	书斋（院）
D	亭	楼阁（塔）	廊	牌楼	门（楼）
A	水井	构件	铺装	墙体	植物
V	街巷	天井	入口	桥梁	庭院
P	山体	农田	水系	林地	

2.2　空间图式语汇的类型词组

依据诺姆·乔姆斯基（Avram Noam Chomsky）生成语言的转换

规则，以直接成分分析法为基础，通过合并、递归、推导式三种短语结构规则得到基本词组结构推导模式X→Y，即：

$$S→NP+VP \tag{1}$$

式中：S代表句子，→代表改写，NP为名词词组，VP为动词词组，即句子改写为名词词组加动词词组，可以类比为聚落空间的基本短语结构（S）为空间路径（VP）连接实体空间（NP）。聚落空间语汇的每一个空间序列都是由一套空间组合的符号链进行表达，通过并置、拼接、复合、嵌套等手法构成简单词组或短语，即空间组合单元。借鉴诺姆·乔姆斯基的生成词组结构推导模式，以一系列形式化的符号代替语类、关系与特征（表2）。通过不同转换规则的设定，可以对传统聚落空间进行结构性转译，完成空间的强调、重复、拼接与嵌套等空间形式操作，形成更加复杂的建筑形式。通过适应性的词形调整，即朝向、布局、界面、色彩、体量、尺度、数

空间图式语汇的类型词组　　　　　　　　　　表2

词组	推导式	空间图式含义	典型空间图式
名词名组	NP→T +（A）+ N	修饰性要素限定或强调主体空间	
动词词组	VP→V +NP	空间路径对实体空间群组的连接	
	VP→V +D	建构筑物对空间路径的修饰或限定	
	VP→V +PP	空间路径所处环境、状态、时间、目的、方式、比较对象	
介词词组	PP→P +NP		
基本短语	S→NP +（I）+ VP	空间路径组合连接实体空间群组	
复合短语	VP→V +S'	空间路径对其他短语结构进行拼接和嵌套	
注	（T代表限定词，A代表形容词，D代表副词，P代表介词，PP代表介词短语，N代表名词，S'代表从句，I代表助动词或动词形态变化）		

量等，使各个空间单元处于适当的空间秩序地位和角色。而空间语汇词形的词性变换，象征并控制着公共空间与私密空间的过渡转变，发出所有权、领地、控制和行为变化的信号。

3 空间图式语言句法结构系统

3.1 群组空间图式句法结构

微观住居尺度内，家族生活的群组空间具有明显支配伦理秩序诉求的空间序列。如泰宁尚书第建筑群中通过宽窄变化的甬道路径空间（VP_i）南北串联五栋二进三堂、坐西朝东的院落以及一座书院和八幢辅房（NP_i），整体形成三厅九栋九宫格局大厅堂（S_i）。其中，甬道空间包含了空间图式完整的"起、承、高潮、转、合"线性递进的句法结构S_1—S_2—S_3—S_4—S_5（图1）。

泰宁尚书第南北两端分别以"尚书第"主门楼（D_6）和官式仪仗厅（D_1）作为门户，甬道以多进门楼（D_2—D_3—D_4—D_5）分割连接。身体的运动是阅读空间语言的重要方式，一种动态多维的感觉体验。基于生命体的生理特征，保持恒定的尺寸和速度，进而决定感受到空间和物体出现与运动的频率。两端门洞较中间三幢略低，6个门洞在轴线上轻微错动，彼此进深距离的比例为1:2.3:1.6:1.4:2.4，随着身体逐个穿越门洞形成丰富变化的透视景深和框景效果。各段平面进深与面宽的比值（d/l）为0.8、5.3、1.7、2.8、6.9，而对应的各段剖面高宽比（h/l）则为1.2、1.8、0.9、1.9、2.3、2.2，对应各栋建筑位置和功能，可知甬道平面越宽、高宽比越小敞礼仪性越强，反之则日常性越强。校核以空间句法（space syntax）视线整合度（visual integration）分析甬道平面，可知南北轴线视线整合度较高，尤其"尚书第"主厅（NP_3）前空间最高，即较开敞的空间视线深度较高，可达性较高。门楼入口空间的开敞度和入口进深对视线产生显著影响，导致视线整合度变大，而序列门楼通过收口处理，南北贯穿视线发生节奏变化。此外，门楼匾额以"大司马"（D_1）、"都谏"（D_2）、"义路（依光日月）"（D_3）、"礼门（曳履星辰）"（D_4）和"尚书第"（D_6）题注空间。仪仗厅与"四世一品"主厅（NP_3）等级较高，而家长居住的主厅与北面三栋子嗣的宅院（NP_4、NP_5）在门楼规格、尺度、装饰（A）都反映了"父子"长幼伦理秩序，而长子与次子宅院又表现出"兄弟"有别，而下人、马夫常使用的第一栋宅院与书院（NP_2）共用一个出入口，体现了封建时期的"君臣"主仆等级（图2）。

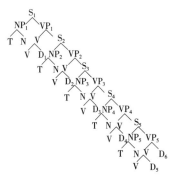

图1 群组空间句法结构

103

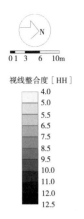

（a）泰宁尚书第甬道透视图

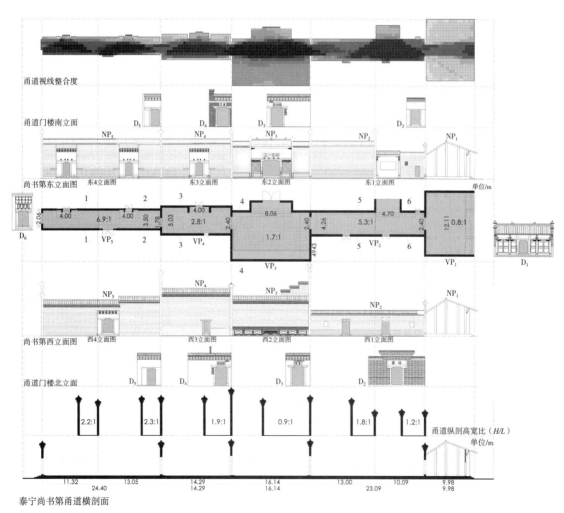

（b）空间句法结构秩序分析

图2　泰宁尚书第甬道透视图及空间句法结构秩序分析

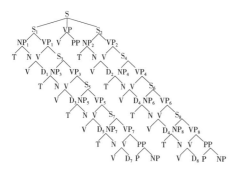

图3 街巷空间句法结构

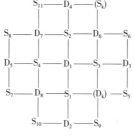

图5 聚落整体空间句法结构

3.2 街巷空间图式句法结构

在中观公共尺度内，街巷的空间秩序则是发生群体自组织行为渐进形成的空间结构。如武夷山下梅村居于山间小盆地，梅溪西面环绕，蜿蜒的当溪自西向东穿村而过，古民居（NP_j）、古街（VP_j）、古码头（V）、古井（A）、风雨檐廊（D_j）分列于当溪两侧，当溪古街和与之垂直的街巷形成鱼骨状结构。当溪古街按景观的句法节奏，有机结合各类空间语汇单位和要素，形成并联递进的句法结构（图3）。

校核以空间句法（space syntax）建立当溪街线段模型分析街巷线段整合度（segment integration）。通过分析可知当溪古街两侧交通可达性最高，对应作为主要公共空间人群吸引力最强，两侧民居朝溪坐落，10座小桥（VP_j）间隔成节奏横卧当溪（PP）之上，连接两侧街道和巷弄（S）。临溪街巷断面空间开阔适宜人群往来和休闲观景，加之临溪900余米风雨檐廊曲折连绵避免了酷暑与雨水的侵扰，反映了南方气候特征与茶叶商业、居民日常行为模式。而与之垂直的巷弄整合度随着纵深深度逐次降低，街巷尺度越小，对应的居住私密性越强。此外，邹氏家庙（T+N）坐北朝南位于古街黄金分割点核心位置，其门楼装饰（A）和前埕空间最为开敞，反映氏族宗祠在乡土社会的空间主导权。祖师桥（VP）以桥亭结合的形式，出于风水考量锁住当溪与梅溪的汇水口，成为空间重要的起始标志，镇国庙（T+N）则承接入口空间，作为民间信仰公共活动空间。二者更多地是回应自然环境和反映群体诉求与共同价值认同（图4）。

3.3 聚落整体空间图式句法结构

武夷山城村的聚落布局"章法"最具代表性，村落坐北朝南居于三湾水抱的风水穴位，门楼、宫庙、街亭和宗祠作为空间关键语汇位于聚落关键节点，代表语汇的音位组合形成入口、街角等中心和边缘节点空间场所，通过街巷路径空间串联形成单一街巷空间句法结构：$S_k \rightarrow VP_k + NP_k \rightarrow D_k + V + T + N_k$，例如：门楼（起、止）—宫庙

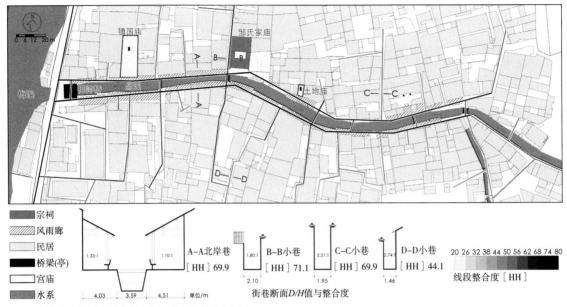

图4 武夷山下梅村当溪古街空间图式句法结构分析

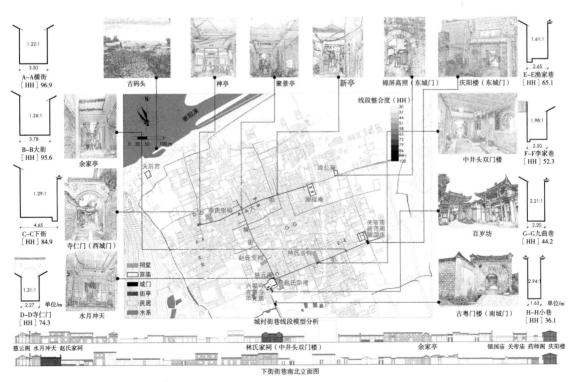

图6 武夷山城村的聚落空间布局章法

（承）—街（行）—亭（停、转）—宗祠（合、高潮）……门楼（起、止）。门楼、街亭等公共空间作为连接副词（D_k）连接多个连接主句和名词性从句（S'），多条街巷空间交织形成聚落整体空间句法结构（图5）：$S_1+D_1+S_2+D_2+S_3+……+D_k+S_k$。校核以空间句法线段模型分析其街巷的线段整合度，可知聚落的内在句法结构与功能布局的相关性：大街和横街整合度最高发展成为周期性商业性的集贸街巷，其次为下街，三条主街构成村落"工"条形空间骨架，可达性最高、空间吸引力最强。而36条小巷迂回曲折，整合度偏低即需要更多转折，但私密性较强，作为居民生活性巷弄。此外，由街巷整合度值与街巷宽度、D/H值对比分析可知，整合度较高的街巷宽度等级较高，空间较为宽敞，功能也更多元。神亭、聚景亭、新亭、余家亭、水月冲天五座公共街亭位于主要街巷十字或丁字交叉口，也是选择度较高的节点位置，形成村民日常聚集休闲的场所。其中丁字交叉口的亭子与民间信仰建筑结合，除了具有停歇休闲功能还带有趋吉避凶、祈福禳灾的宗教功能，而位于十字交叉口聚景亭为二层亭阁，还具有观景瞭望和消防监察的功能（图6）。

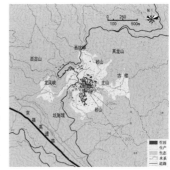

（a）尤溪桂峰村空间层级

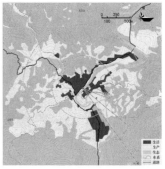

（b）永泰月洲村空间层级

（c）武夷山城村空间层级

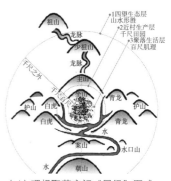

（d）理想聚落空间"层级"图式

图7　聚落"三生"圈层空间尺度图式

4　空间图式语言语境规则系统

空间图式句法关注物质载体形式结构逻辑，而空间语言语境则关注既定形式的生成原则，以及对空间结构的约束能力，从而展开跨越空间、时间与文化的比较。彼得·布伦德尔·琼斯（Peter B. J.）指出空间秩序不仅反映社会秩序，亦通过其自身的组织逻辑保存社会关系和创造社会秩序[10]。语言具有社会性，传统聚落空间物质环境同样具有地域性，体现了地方文化、心理和社会的相关现象。

4.1　选址环境的"层级"规则

聚落的风水选址和朝向与周边环境建立起环境参照系和空间坐标系，是将建造者头脑中的空间概念和居住理念投射在自然地形环境中。由《尔雅》记载的"邑外谓之郊，郊外谓之牧，牧外谓之野，野外谓之林"可知，中国自古便有整体的空间层级系统，划分为邑、郊、牧、野、林五个圈层[11]。依据"千尺为势，百尺为形"的尺度形势转换和视觉感知，建立起人与空间之间多层级的对应关系，形成"聚落—近村—四望"空间与"生活—生产—生态"功能对应[12]。其中邑为聚落生活圈层、郊与牧为农牧业生产圈层，而野与林所代表的荒野和山林是聚落生态涵圈层。聚落生活圈层，提供了院落、宗祠、街巷、宫庙等聚落各部分人工环境要素的语境，作为居民日常居住、邻里交往、文化交流、宗教礼仪等活动的承载场所，以礼乐秩序和血缘秩序为内在秩序规则；近村生产圈层，提供

聚落空间层级与图式限定规则　　　　　　　　　　　　　表3

空间层次	图式尺度	功能	活动范围	空间语汇要素	限定规则	空间图式	句法结构
第一圈层	微观—聚落	生活空间	居之所处（300 m≤R≤500m）	院落、宫庙、宗祠、街巷、古树……	划定场所组织	聚落肌理	群组、街巷空间句法结构
第二圈层	中观—近村	生产空间	行之所达（500 m≤R≤1200m）	农田、菜圃、果园、鱼塘、牧场……	限定景观布局	田园图式	聚落整体空间句法结构
第三圈层	宏观—"四望"	生态空间	目之所及（R≥1200m）	山形、水胜、沙洲、林地、荒野……	界定聚落边界	山水形胜	

（a）永泰竹头寨民居建筑群空间布局

■ 正厅
■ 其他辅房
■ 周边民居

（b）尤溪桂峰村单姓聚落空间布局

■ 祠堂
■ 民居

（c）武夷山城村多姓聚落空间布局

■ 祠堂
■ 林氏
■ 赵氏
■ 李氏
■ 其他

图8 聚落"中心"规则空间图式结构

了聚落核心圈层的语境，农田、果圃、池塘等农业景观要素以田园风景图式组织聚落的生产场所；"四望"生态圈层，提供了近村田园景观的语境，是传统聚落理想边界和生态涵养区域。三个圈层相互作用、相互渗透，外圈层作为内圈层的空间语境，形成不同尺度空间图式语言的基本限定规则，依次类推，构成有机关联的人居系统，将聚落不同层级要素统一到空间秩序中（表3、图7）。

4.2 血缘伦理的"中心"规则

在乡土聚落中，以家庭或氏族为单位中心，以社会联系形成圈子，无数圈子的涟漪式交织组成聚落社会关系网络。在空间上则表现出以不同关系中心组织空间形式和结构关系，形成"家庭—氏族—聚落"差序系统层级。敬祖和长幼有序的伦理观念，在建筑选址和规模大小上有较大影响。宗祠和祖屋占据"中心"选址，规模也是较大的，随着子孙繁衍分户迁居，一般围绕祖屋向外扩展，选址位置和规模一般会避免"僭越"，因此方位是社会化的空间[13]。以家族为聚落单元往往出于防御性考虑，以三明土堡、永泰庄寨等大型寨堡建筑为典型，上百户人口在单一建筑内围绕住宅厅堂空间，形成生产生活和防御一体化的微型聚落形态（图8a）；单一姓氏为主的聚落，容易形成单中心、内聚式的聚落形态，以尤溪桂峰村为例，围绕蔡氏祖庙和宗祠，民居向心而居，形成具有血缘维系的生产、教育、祖先崇拜的空间（图8b）；而武夷山城村形成多姓氏混居的聚落形态，以地缘联系为主要特征，依据公约营建防御、宗教和休闲等公共空间，而林氏、赵氏和李氏家祠作为重要氏族公共活动场所各据一隅，同姓氏民居围绕家祠分布并逐步向外分散（图8c）。以个体—氏族—集体的社会"关系圈子"为依据，位于中心的核心地带空间或实体作为空间语言的核心要素，围绕不同层级"中心"规则组织不同尺度的空间结构关系，而血缘和地缘的伦理秩序决定空间句法逻辑。因此，乡土聚落的空间句法结构是乡村礼俗社会的伦理秩序和社群关系的空间投影[14]。

4.3 宗教与防御的"边缘"规则

就聚落环境而言，作为一定居住领地除了核心地带，外边界也是其重要特征。传统聚落以所处的"四望"自然山水作为依托屏障和视觉边界，而防御工事和宗教信仰建筑则是作为群体住居环境的空间防御边界，前者是对生命财产和领域的实体防御，后者是对自然和超自然对象敬畏的心理防御，本质上都属于对空间趋利避害的反应，因此在空间上出现明显的"边缘"。如寨墙、沟渠往往构成聚落实体边界，以武夷山城村为例，周围寨墙四合，从东（庆阳楼、锦屏高照）、南（古粤）、西（寺仁门）四座门楼出入，而民间信仰和宗教（儒、释、道）建筑群锁钥咽喉，体现了聚落在物理层面和精神层面的防御需求（图9a）；如莫里斯（Morris D.）认为人类发明宗教是反映其在领土上内心深处对社会统治结构的需要[15]。在永泰月洲村，张圣君祖殿、龙玉堂、碧峰堂、宁远庄（供张圣君）、白马大王庙、少林宫庙以及寒光阁等民间信仰建筑，与周边山水形胜融合镇守四至边界，形成聚落居民的心理边界（图9b）。通过边缘秩序的营建，通过选址定位、区分内外和划分边界以支配空间和控制环境，实现对空间恐惧的防御和诗意的栖居。因此，位于边界的宗教与防御空间要素一般处于聚落空间图式句法结构的"起止"位置，作为其句法规模的"边缘"限制条件（图9c）。

4.4 邻里生活的"节点"规则

在传统聚落公共空间结构体系中，为满足住民邻里生活的社交需求，在重要"节点"营造相应的公共空间节点。首先，位于聚落出入口门户位置或水口咽喉锁钥地势，多与门（楼）、亭阁形成入口空间，与廊桥、塔和宫庙结合围合成宗教信仰场所；其次，位于街道与巷弄相交的节点位置，在十字、T字交叉口处抑或与街亭结合形

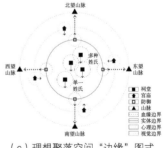

（c）理想聚落空间"边缘"图式

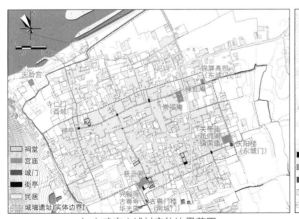

（a）武夷山城村实体边界范围

（b）永泰月洲村心理边界范围

图9 聚落"边缘"规则空间图式结构

（a）平地型聚落节点空间布局

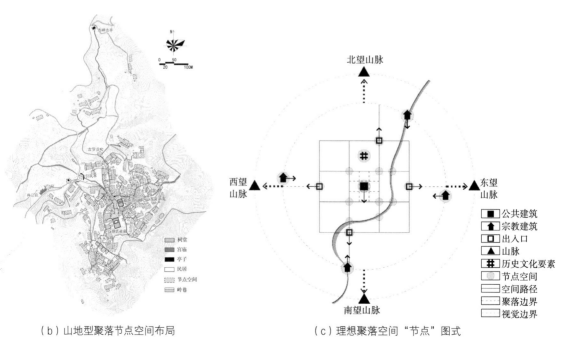

（b）山地型聚落节点空间布局　　　　（c）理想聚落空间"节点"图式

图10　聚落"节点"规则空间图式结构

成标志性节点停留空间；再次，位于如祠堂、书院和宫庙等重要公共建筑前埕，围合成仪式性开放空间；最后，紧邻水系抑或与古井、古桥或古树等历史文化要素结合形成生活性休闲节点空间。平地型聚落如武夷山城村处于古汉城范围，村落表现出城的布局规则，形成经纬交错，节点布局规整的格局（图10a）；而山地型聚落如尤溪桂峰村街巷蜿蜒如蛛网交织，节点布局灵活依山就势表现出立体层次（图10b）。空间路径串联聚落中各类型的节点空间，从而构成聚落空间句法的基本空间序列，多条空间路径曲折交错则构成聚落公共空间整体结构框架，节点空间则承载聚落住民日常生活和仪式功能（图10c）。

5 传统聚落空间图式语言的转换生成探讨

诺姆·乔姆斯基认为语言的使用系统由词库和运算系统组成，研究重点转向原则系统，核心是支配理论，提出由短语结构规则、转换规则、语素音位规则构成的转换模式[16]。定义任意语言（L），为一个由句子组成的集合，词库（Lex）中的字符串集合遵循语法（G）排列组合生成L语句。其中，词库由词项（lexical item）构成，每个词项包括词的语音、句法和语义特征。三者关系如下[17]：

$$L = G * Lex \qquad (2)$$

公式中，词库（Lex）是语法（G）的定义域，语言（L）为值域的函项，*表示单调向上。因此，以丰富词库换取简单语法，通过有限的语法规则通过生成语法（generative grammar）用语类语法（category grammar）生成无限的句子，其中语类即句法结构成分包括词类和类型词组。而句子的产生是句法动态过程，以短语结构语法为转换生成语法的基础形式，然后通过移位、选取、合并、删略、插入、改变特征、复制、被动化等转换规则，由同一个基础结构生成不同的句子形式。同理，传统聚落空间图式语汇要素包括不同类型的空间要素单元及要素组合，作为空间转译的词库（Lex）。选择转译生成语法（G），生成空间句法结构，通过空间实际语境深层结构对产生的空间句法结构进行决断，包括"层级""中心""边缘"和"节点"等规则，将符合语境语义的句法生成空间秩序表层结构，最后将若干句法结构进行曲折变化形成整体空间表达形式（L）（图11）。空间语境的变化是诱发空间转译的首要因素，由于自然环境、营建材料、宗教信仰、审美价值以及氏族家庭结构的改变，导致原有空间不能满足新的需求，新的空间形式或功能需要被创造。诺姆·乔姆斯基的语法生成转换模式潜在的逻辑，在方法层面为空间图式语言的转译提供借鉴，分别基于空间图式语言的语汇语类、句法结构的转译，生成新的空间形式。

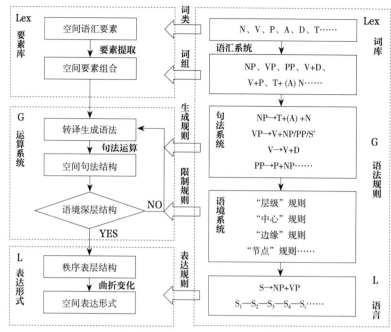

图11　空间语言的转换生成语法逻辑

6　结语

　　语言学的结构主义运用于传统聚落的空间营建解析，为空间图式提供了一种基于潜在认知结构的分析方法。从语汇要素、句法结构和语境规则三个层级维度，由浅及深地剖析传统聚落的空间要素组成、结构形式和人文规则。传统聚落的空间语言结构能反映生活其中住民自身的特点，语言的深层结构揭示了人类大脑中深植的共同特征。空间在创造和支配一种环境，空间成了特殊语境下群体自身行为举止的外在延伸，由深层次结构决定，反映社会、心理深层次需求，同时也规范人的行为。正是由于文化与空间的双重一致性，在外部条件发生变化时，推动了二者的交叉适应，从而引发空间营造的时效性。而在不同空间语境下，空间的设计引发社会性的、习俗性的规范形成，以群体空间共同想象和价值认同为基础，当下住居环境的语义语境构成空间转译的限制约束原则，在当代语境下通过"转换规则"转译全新空间结构形式以满足新的空间功能需求，空间形式语法探索和空间语言的转译生成，将带来全新的空间组织景象。

图片来源：

本文图片均为自绘或自摄。

参考文献：

［1］段进，邵润青，兰文龙，等. 空间基因［J］. 城市规划，2019，43（2）：14-21.

［2］PITT-RIVERS A L F. On the Principles of Classification [J]. Journal of the Anthropological Institute of Great Britain and Ireland, 1875b, 4: 293-308.

［3］BUCHLI V. An Anthropology of Architecture [M]. Bloomsbury Academic, 2013.

［4］拉普卜特. 建成环境的意义：非言语表达方法［M］. 黄兰谷，等，译. 北京：中国建筑工业出版社，2003：166.

［5］原广司. 空间 从功能到形态［M］. 南京：江苏凤凰科学技术出版社，2017：146-171.

［6］舒尔兹. 存在·空间·建筑［M］. 尹培桐，译. 北京：中国建筑工业出版社，1990.

［7］林奇. 城市意象［M］方益萍，何晓军，译. 北京：华夏出版社，2001：43.

［8］藤井明. 聚落探访［M］. 宁晶，译. 北京：中国建筑工业出版社，2003：20-25.

［9］王云才. 论景观空间图式语言的逻辑思路及体系框架［J］. 风景园林，2017（4）：89-98.

［10］PETER B J. Architecture and Ritual-How Buildings Shape Society [M]. London: Bloomsbury Academic, 2016.

［11］黄源成，许少亮. 生态景观图式视角下的传统村落布局形态解析［J］. 规划师，2018，34（1）：139-144.

［12］刘淑虎，张兵华，冯曼玲，等. 乡村风景营建的人文传统及空间特征解析：以福建永泰县月洲村为例［J］风景园林，2020，27（3）：97-102.

［13］张兵华，陈小辉，刘淑虎. 土地权属视角下传统村落公共空间营造与重构：以尤溪县桂峰村为例［J］. 新建筑，2018（6）：32-37.

［14］费孝通. 乡土中国［M］. 北京：人民出版社，2013.

［15］MORRIS D. The Human Zoo [M]. London: Jonathan Cape, 1981.

［16］NOAM C. Syntactic Structures [M]. The Hague／Paris: Mouton & Co, 1957: 26-33.

［17］满海霞，梁雅梦. 乔姆斯基层级与自然语言语法：从短语结构语法到非转换语法［J］. 外国语文，2015，31（3）：84-89.

设计研究篇

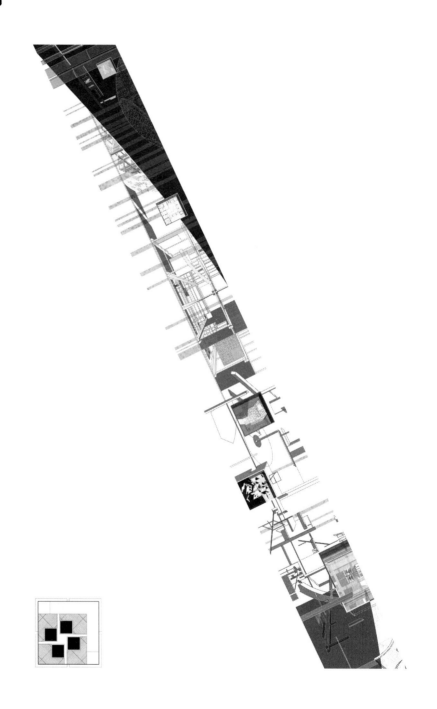

以"形式"作为关键词的设计研究，既不同于以文字为媒介的理论思考，也迥异于以关键科学问题为主导的科学研究，其最主要的特征为一方面呈现以线条、几何、图形、图像等作为媒介的想象与构思，另一方面则表现为以图解分析为基础的空间操作与形式生成逻辑。透过种种建筑现象还原建筑的内在图式，去发现不同类型建筑的原型、几何规律与数理关系等，换言之，从可见的现象中寻求不可见的但相对稳定的内在逻辑。正如人类的语言学一样，在千变万化的言语中抽象出词汇、句法与语义，在逆向的还原过程中追根溯源，在正向的推导中以其基本的逻辑去求解并想象未来的形式。

在该篇中选取5个作品作为设计研究的成果，其中3个作品是以参展为目标的设计探索，2个作品为具体的实际工程项目。尽管主题不一、场所迥异，但整体构思与研究指向了中华传统营建观念、理论、方法与技术，并结合不同的设计主题与需求，选取相应的原型进行有效的转译与重构。在验证其可行性的同时，亦将理论写作的心得投射到作品之中，并进行反复的比较、推论、总结与验证，在承继传统文化、内在图式的同时，推动当代建筑设计观念与方法的更新与优化，并寻求当下语境中新的可能性，从而推动文明的跃迁。

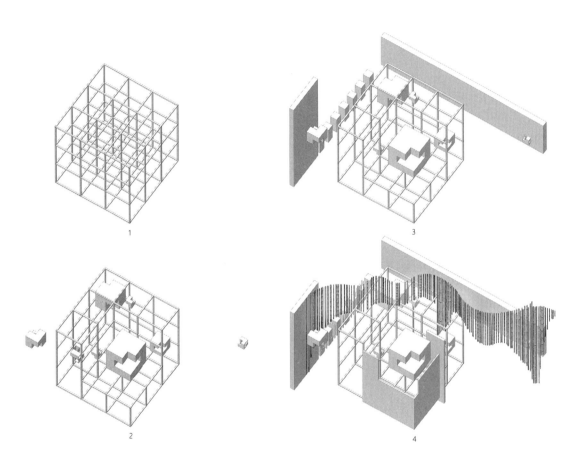

1

2

3

4

言入宇空

——2022年深港双城城市/建筑双年展参展作品解析

历时近一年的作品"言入宇空"于2022年12月在深圳展出，在某种意义上，学术作品比建成作品更能体现作者原创的轨迹。记得在构思之初，与策展人鲁安东讨论一个问题"如果中国在历史进程中，未曾经历过工业文明的洗礼，而是在高度发达的农耕文明基础上自主地生长与变迁，那么当代中国社会与人居环境将会呈现什么样的形态？"依据此假设启动了关于作品的构思与创作。现在回想起来，该问题也许是一个"世纪之问"。设想中也并非完全否定工业时代的成就而是吸纳与传承其积极因子，在当下，通过实验性设计生成一个概念模型，思辨形式生成中传统转译的程序，冀望能与观者产生理论与实践上的互动，从而形成某种共识，以共同推进文明的演进。以"一本书""一幅画""一个模型"作为载体呈现展览主题："书"是理论记载；"画"进行诗意表达；"模型"呈现建构逻辑，三者从不同的视角，共同编织人类未来聚居场景。

作品"言入宇空"可从两个方面进行诠释：一方面回溯至中华古老文明，挖掘其古代营建智慧；另一方面探求未来生态文明，使之超越由工业文明主导的历史范畴，求索生态语境下的思维范式。"言"为心声，是概念的表述，将内心感悟、观念以"书"写、入"画"的方式呈现；"宇空"可理解为广阔天垠、无边无际的空间，应对未来人居环境，意喻着由农耕文明随时代演进步入更加深入的思辨范畴。

1 "书"写

"书"是开放的文本，我们试图从观念、诗境，在"书"中探讨未来建筑形式生成的方法论。在生态学视野下，重新追问在传统与现代之间如何转译与传承的问题。作品试图接续传统并使之与当代生活、新科学与新技术有效对接，在消解现代主义建筑价值观的同时重构当代中国文化价值体系，探讨由农耕文明向生态文明的转换路径；使传统营建观念、方法与技术能够有效地继承、转译与重构，并建立彼此的映射关系。

"言入宇空"是一本"书"，在理论层面试图寻求从农耕文明、工业文明走向生态文明的内在线索，聚焦从古至今反映人与自然共生之路。思辨如何在创作过程中吸纳传统精髓，求解未来范式。作品以"书"喻营建观，在进行历时性梳理的同时，重审共时性现象，

图1 一幅"画"

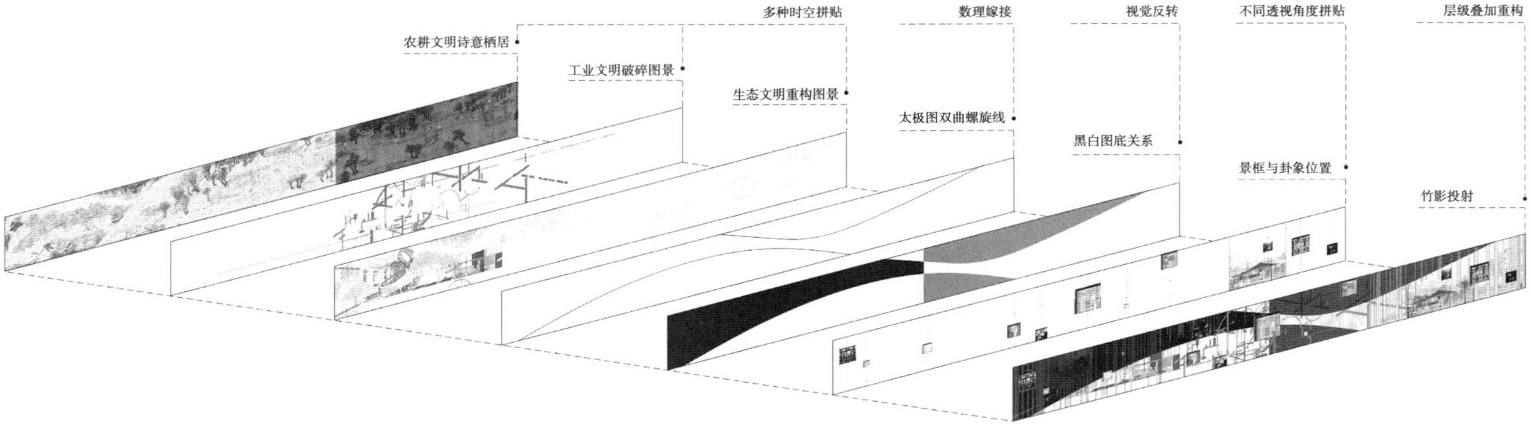

图2 "画"中3个文明的非线性叙事

农耕文明诗意栖居　工业文明碎构图景　生态文明重构图底线

多种时空拼贴　数理缝接　视觉反转　照白图底关系　太极图双曲螺旋线

不同透视角度拼贴　景框与斗象位置　层级叠加重构　竹影投射

并寻求其内在密码，在构思如何将理念以具体形式呈现的同时，重组古今要素，求解潜在方向；在不断写作的过程中，使关于空间的想象明晰化，并试图构建一条明晰的路径。在此过程中，"书"写是一股内在的源动力，探索未来的文明曙光。

2 入"画"

如果说"书"代表着思辨的升华，"模型"以有形的建构形式呈现，那么"画"则是情感与思维的再现，既不受观念约束，亦不追求逻辑推导，而是超然于两者之上，与观者产生时空的互动与交流。在入"画"中，具体的构件、线条与色彩，通过绘制、拼贴与嫁接等一系列操作，建立了过去与未来相融的途径，捕捉曾经拥有却逐渐碎片化、断层化的农耕景象；以对比、反转等方式隐喻理性的机械时代带给人类的生态危机与生存空间反噬；无限延展的空间场景却憧憬着诗意的家园（图1）。

场景能唤起观者的感知，使之应景生情，随境而动。以"画"明晰作品的主题，通过横向长卷展示的内容呈现了既对工业文明的批判、质疑与抵抗，又表达了关于未来的诗意想象、内含着形式的演绎与生成。古代"印章"、实验"模型"与"画"共同构成了时空交织的诗境。不同文明的图景并峙在"画"中，描写了人与自然由原生状态至机械时代与生命时代的演变轨迹；双曲线统摄长卷、尺度不一的"景框"是"形式实验"的投射，"画"显现了"书"中的观念，以内在观照方式启示着未来人居的景象。古代的木构件、竹笺、门锁、斗栱，现代的楼梯、钢构、挂板等作为形式语汇成为画中的元素，一系列景框在展示未来的同时回应着不同的历史原型，畅想人类与其他生命体在未来时空中的相遇与共生（图2）。

3 建"模"

"模型"的实验与制作试图直面当下建筑学科需要回应的时代命题，将形式生成的根属性指向曾经独立、自成体系的中国古代营建文化，试图在各种复杂的既有形式乱象中正清本源。在展示空间中，南侧以传统"印章"的形式呈现斗栱、合院、组群、园居与城池五种古代建筑构件与类型，西侧为绘画长卷，中部为3.6m见方的"井"字形立体构架，其中嵌入一系列立体的、悬浮的EL型（EL-Forms）方体[1]、上方悬置一片以自由曲线形式呈现的古代"竹笺"，其中弥漫着无数张空中"书页"（图3）。纯白、透明、朦胧的材料模糊了空间界面，意喻着建筑、人与环境的有机相融，其中渗透着"书"的思辨、"画"的诗境与"模型"所表达的建构逻辑（图4）。

图3 序言与印章（左）、模型与书页（中）、竹笺与画（后）

图4 "模型"中要素的渗透关系

3.1 "井"字构架与EL型方体

在各种几何原型的选择中，"井"字构架与EL型方体两者的协同组合成为实验性模型生成的依据。"井"字构架是一种实用理性划分方法，又可以在不同尺度进行延伸，是隐藏于传统营建形式背后的宇宙向心图式[2]。EL型几何相较于以方形、矩形等简单几何的空间组合，更能表达空间与形态的动态生成过程。其是从一个理想方体，沿三维对角线进行位移操作，随着轨迹逐步移动，影像则呈现由实体向虚体、虚体向实体过渡的空间演变过程，与传统要素、类型进行缩放、叠加、嵌套与耦合，可以生成无限的空间。将之与"井"字构架共同组合形成了既有传统文化属性又代表当代精神的空间结构与实体模型，该组构形成了开放的构架，为当代建筑形式演译提供了参照（图5）。

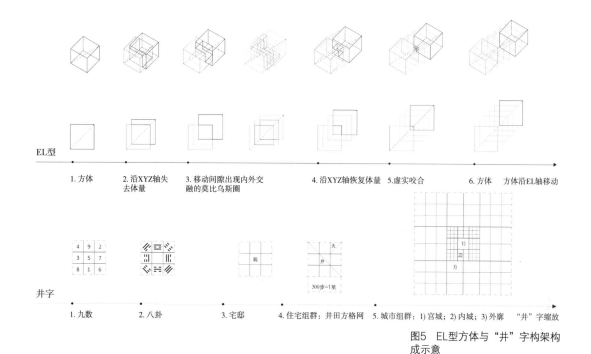

EL型

1. 方体　2. 沿XYZ轴失　3. 移动间隙出现内外交　4. 沿XYZ轴恢复体量　5. 虚实咬合　6. 方体　方体沿EL轴移动
　　　 去体量　　　融的莫比乌斯圈

井字

1. 九数　2. 八卦　3. 宅邸　4. 住宅组群: 井田方格网　5. 城市组群: 1) 宫城; 2) 内城; 3) 外廓　"井"字缩放

图5　EL型方体与"井"字构架构成示意

3.2　五种"原型"

我们选择了斗栱、合院、组群、园林与城池五种传统原型进行空间构形与形式实验,在解决传统文化基因缺失问题的同时探究未来建筑的文化特征与生态启示。

斗栱重组: 作为中国古代建筑中的一个重要木构构件,斗栱不仅在结构上起到承上启下的传力作用,而且其形式[3]具有独特的、可识别的多层次榫卯特征,承接着重要的文化记忆。斗栱的外部形态呈倒金字塔形,亦是一种伞型结构。作为构件,随着现代钢与钢筋混凝土的大量使用,其已不具备普遍应用价值,然而其内在的编织结构以及各种纵横交错、由下而上的链接与相嵌方式、层叠结构以及构件之间的"缝隙"却是当下空间求解的重要原型(图6)。

图6　斗栱模型实景

合院重构: 作为古代"天人同构"的原型,合院在映射古代家庭结构及日常生活的同时,更是对上苍的景仰与对话,与巴什拉(Gaston Bachelard)笔下的地窖与阁楼垂直性的呈现不同,庭院以天为鉴,渗透至家宅中,实现了天地间和谐相处、人与自然的共生[4]。九数结合方位的"井"字构架赋予"合院"稳定的内在结构,辅以相地择址、边界围合及反映等级体系的空间操作,在应对不同自然环境、营建方式与社会行为的同时可进行动态的尺度调整。在重构过程中,依据不同方位的对仗原则,将其不同尺度空间及构件进行三维空间动态演绎,运用偏转内嵌、体块错位、视景分析等一系列

图7　合院模型实景

图8　组群模型实景

图9　园居模型实景

方法构成了既能回应不同地域气候条件与边界条件、又能适应人的行为需求的立体抽象图式，使"合院"原型在新的时空语境中得以延续与再生（图7）。

组群重塑：中国传统建筑组群类型多样，既有代表官式的宫殿、衙署、陵墓，又有民居、私家园林等。在重构过程中，试图以组群为类型探讨不同尺度的"合院"群组方式。尽管不同的地域、气候、行为特征各异，但其内在图式仍具有普遍性。严谨的对称布局与有机的空间组织，是组群布局主要特征。在当代中国城市中，由于土地资源的限制，古代一层或两层组群布局的水平延展可能性很低，EL型组构为当下组群重构提供了新的可能。无论在广阔的乡村平原、山形地貌还是在高密度城市环境中，其耦合方式均可以作为参照。同样，古代组群的视线分析方法如远观与近赏、层次与景深亦可以借助于当代数字技术进行引介、设计与应用（图8）。

园居②[5]再现："园"与"居"是中国古代园林的基本要素[6]，两者的融合亦体现了"天人合一"的宇宙观，以具体的方式表达阴阳相生的建筑与自然的共生关系。以"园—居"视角思考园林类型，着重探求其中人、居与自然的内在观照。"园"是文人"壶中天地"精神追求的理想空间形态[7]，亦凝聚造园者的艺术审美意向。"园—居"中路径构建和视景营造为当代空间转译提供了有益的参照，可应用在不同尺度的空间布局、路径序列与意境营造上。在园居重构过程中，以"移步异景"原则细分空间网格，营造起承开合、旷奥明暗的同时，构建动态连续的序列体验，并以视景的渗透与层叠，使内外空间有机融通，重塑其情境体验（图9）。

城池再生：自秦汉以来古代典型都城形式是中华文化面对恶劣生态环境与战争频发背景下，长期延续发展与实践积累的营建智慧集成表现[8]。在整体规划与营城中，无论是历代都城或者不同地域的府城、卫城及聚落在选址、路网布局上，既巧妙地将地形水系与营造活动、自然形势与视觉形象相组合，边界由外至内向心辐射、环环嵌套，形成以山水为图底与防御屏障的筑城美学与规划原则（图10）。

在展示空间中，"印章"以前奏的方式呈现兼收并蓄的传统原型，"景框"展示未来场景，而"模型"则呈现出两者在空间中的重构过程（图11）。在感知层面构成在传统营建系统与未来文明形式之间的桥梁。

图10 城池模型实景

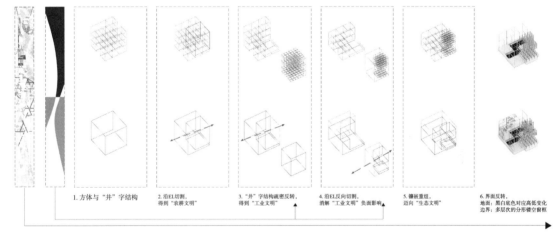

1. 方体与"井"字结构　2. 沿EL切割，得到"农耕文明"　3. "井"字结构疏密反转，得到"工业文明"　4. 沿EL反向切割，消解"工业文明"负面影响　5. 镶嵌重组，迈向"生态文明"　6. 界面反转，地面：黑白底色对应高低变化　边界：多层次的分形镂空窗框

图11 "画"与"城池"主体空间结构的映射关系

4 结语

  "言入宇空"的实验性探索试图将中华古老的文明智慧重现当下，"书"言说主题，"画"构建诗境，"模型"指出可行的运行方式。展示的作品从文明升华的视角展开思辨和想象，试图运用洗炼的语言、抽象的线条、实验性的营造进行探索与求解，在写作、绘制与建模过程中，厘清文明进程的内在线索，破解传统营建智慧迈向未来生态文明的密码，挖掘历史进程中不同尺度的形式类型及其内在图式，从而构建古今形式耦合的生成机制，以"书"写、入"画"与建"模"的方式营造"未来聚居"的架构、场景、方法与逻辑，创造人类可持续发展的未来图景（图12）。

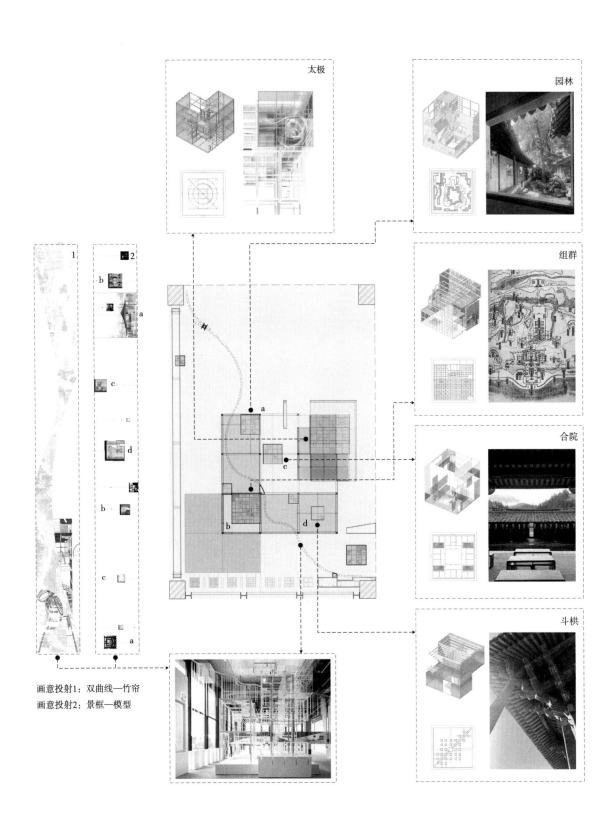

太极

园林

组群

合院

斗栱

画意投射1：双曲线—竹帘
画意投射2：景框—模型

图12 "画""印章""模型"的互动关系

图片来源：

图3、图6～图10为战长恒拍摄。

其余图片均为自绘或自摄。

注释：

① 2022年第九届深港城市\建筑双城双年展（深圳）：以"城市生息"（Urban Cosmologies）为主题，"生息"既是空间上的多元共生，也是时间上的生命节律。其将可持续理念纳入展览全周期考量，提倡环境友好的展陈方式，将从材料、技术、展中呈现、展后处理等各方面遵循环保原则。展览分为"何以共栖"（Urgent Question）、"物灵之旅"（More-than-Human Adventure）、"寰宇对话"（Cosmologic Dialogue）、"未来聚居"（Co-Living Lab）、"共同行动"（Common Action）5个主要板块和一些特别板块。作品于"未来聚焦"板块中展览，该板块主策展人为鲁安东。

② 园居释义：参考自汪德华对园林在空间类型研究中的定义。其将苏州的网师园、拙政园、留园视为独立于住宅一侧的园林功能与布局，并从文化思想层面，指出古代私家园林是住宅的一部分，由居住观念的变化而产生，且本质上是居住功能扩展与异化，因此以"园居"将园林与居住结合，探求园居解决人、建筑与自然相互关系的设计特征。详见参考文献［5］。

参考文献：

［1］埃森曼. 图解日志［M］. 陈欣欣，何捷，译. 北京：中国建筑工业出版社，2004：71-83.

［2］王其亨. 当代中国建筑史家十书［M］. 沈阳：辽宁美术出版社，2014：90-116.

［3］潘德华. 斗栱［M］. 南京：东南大学出版社，2004：1.

［4］孔宇航，王安琪. 合院精读、转译与重构［J］. 建筑学报，2023（2）：1-7.

［5］汪德华. 古代园居文化思想综评——兼论园居规划设计特性［M］. 城市规划汇刊，1998：34-42.

［6］彭一刚. 中国古典园林分析［M］. 北京：中国建筑工业出版社，1986：13.

［7］王毅. 园林与中国文化［M］. 上海：上海人民出版社，1990：138.

［8］汪德华，李百浩. 中国城市规划史［M］. 北京：中国建筑工业出版社，2014：1-2.

Venice Architecture Biennale
2 0 2 0
Yuan-er, a courtyard-ology
from the mega to the micro

诗意栖居

——2021年威尼斯国际建筑双年展参展作品 [YUAN OF 3]解析

"我们如何共同生活？"（How will we live together?）

——第17届威尼斯国际建筑双年展总策展人

哈希姆·萨尔基斯（Hashim Sarkis）

2021年，第17届威尼斯国际建筑双年展总策展人哈希姆·萨尔基斯（Hashim Sarkis）提出总主题——"我们如何共同生活？"（How will we live together?），中国馆策展人张利将展览主题定为"院儿——从最大到最小"。在当下的世界发展中，探讨如何共同生活，显得尤为重要。我们不禁思考，还能以何种方式栖居于这片土地之上？

1 概念生成·"院儿"的释义

在中国居住文化中，"院儿"代表着什么？院，垣也（《广雅》），是中国古代居住、生活的重要组成部分。"院"虽以墙垣为物质要素，但"当其无"，才呈现其核心要义。故有之以为利，无之以为用。院，作为天地之屋，将"天"与"地"拉近人间，化作实现"人与天地参"这一哲学观念的载体；作为虚空，则成为背对外部世界、向内面对彼此的共同空间。一方面传达出了中国传统哲学思想的自然观，另一方面则映射出中国家庭的社会伦理。将经历了一定程度文化断裂的"院"在当代语境下重新契合于中国居住文化中，成为本次研究型设计的重点，意图挖掘其蕴含的社会性、文化性与未来性。

中国当前的家庭结构正在发生怎样的转变？与世界多数国家的家庭构成有所不同，在中国，一段时期以来，一对夫妻通常生养一至两个孩子。未来，双方父母、夫妻二人与孩子，将形成"4+2+1"或"4+2+2"的倒金字塔型的家庭结构。如何以建筑空间在亲缘关系与不同生活习惯之间寻求平衡，是设计希望探讨的社会性问题。

"人性皆同，居使之异"（《孟子注疏》），展现了居所对于人秉性塑造的重要作用，而居所也成为个体生活、个性审美的外化。儒家经典《十三经注疏》中亦写道：居尊则气高，居卑则气下。居之移人，气志使之高凉。若供养之移人形身使充盛也，大哉居乎者，言当慎所居，人必居仁也。居所内含的文化性是普遍的，也是唯一的（图1）。

图1 《十三经注疏》

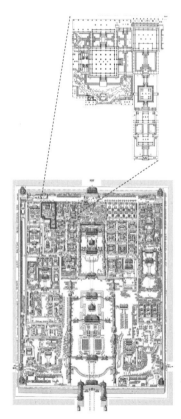

图2 故宫·建福宫花园，（清）乾隆七年建

而未来性，则是对于塑造不同生活方式的尝试。以"院"为线索，以传统空间组构为根基，通过重构的方式使传统居住文化适应当下中国的家庭与社会结构，并重相遇在未来空间中。

2 设计解析

作品"YUAN OF 3"作为理论性的设计模型，以故宫为假想基地进行概念阐释，场址位于故宫西北一隅，原建福宫花园中的延春阁与中正殿旧址（图2），其于1923年6月被焚毁。选址于此，意图将故宫的生活场景、历史事件作为记忆的载体共同构建未来时空，展现生活的本质与诗意的场所。场址作为作品的理想基地，亦是设计研究的起点。在统一的"院落"主题之下，以"微院""家院""社院"三种不同尺度的院落范型（图3），回应中国未来家庭可能出现的不同生活方式。百年宫苑作为传统建筑艺术集大成者为设计提供了独特的文脉背景，当代形式与古代传承在此交融，以此叩问在经历了整个文化嬗变过程之后，如何保留传统的基因并将其延续到未来的日常生活之中。

其中，"社院"作为居住组群中的室外公共空间（图3），具有组织建筑群体空间布局、承载公共交往活动的重要作用，似古人兰亭集会、春禊咏怀。一号院与二号院，分别代表了"家院"的两种形式——"合檐共宇""分而不离"，7~8口之家以两种截然不同的生活方式由此展开。三号院则立足独居生活，以"微院"形式打造个人专属的精神世界。

设计的整体布局延续了原建福宫花园内延春阁南北轴线（图4a，A轴线）、静怡轩与惠风亭南北轴线（图4a，B轴线），对延春阁的结构柱网进行基地考古，柱基原址设置水景柱阵，从而定位二号院与一号院；以一号院中心庭院的东西向轴线与二号院形成强烈的呼应关系；又延伸二号院西侧边界形成轴线E，与中心社院边界所在轴线F定位三号院；未来将于西北角与D轴处保留新设四号院与五号院（多层）的空间，以预留应对未来居住需求的可能性。

平面布局在尊重原有空间秩序的同时进行了轴线的异化（图4b）。一号院沿B、C轴设置成具有序列感的院落、台地、景观墙体等，强化传统的正交轴线。同时，错动中心社院的对角线，引入斜向轴线X，保留了合院自东南向进入的传统，同时，斜向轴线带来的体量错动营造出流动空间，增添了二号院体量布局的动态感。三号院同样引入斜向轴线，形成Y轴，方形几何沿Y轴嵌套、交叠，形成斜向对称布局；图底反转、虚实互嵌。而在四号院与五号院的预留空间中，同样保留了以斜向轴线为基础的潜能。一方面暗示了建福宫花园遗址中建筑空间的位置与其轴线关系；另一方面将空间以

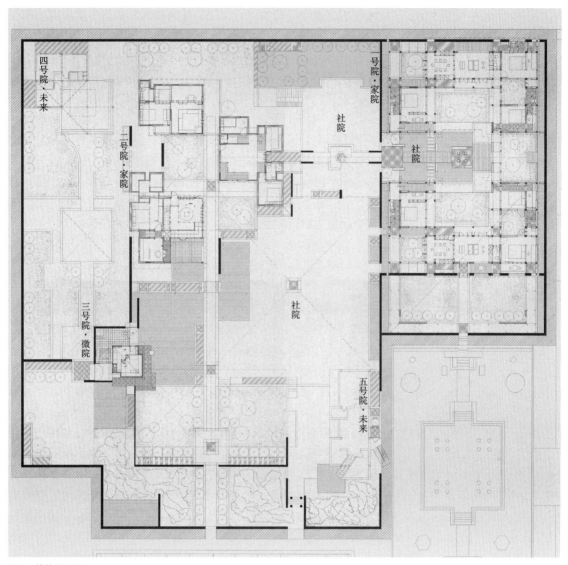

图3 整体平面图

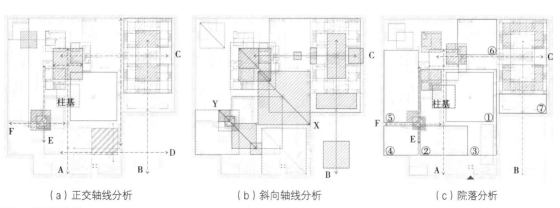

（a）正交轴线分析 　　　　　　（b）斜向轴线分析 　　　　　　（c）院落分析

图4 平面图分析

新的序列、围合与轴线进行重组，使其在保留场所传统意蕴的同时融入当代精神。

几处室外院落的形成亦具有组织空间的重要意义（图4c）。中心社院依据柱基遗址成为整体布局的核心，具有极高的视线可达性，子女活动于此能够得到各院的照看。整座院落主入口设置于A、B轴线之间，中心社院①、前院②共同构成更大范围的院③，轴线C、E、F两侧限定出后院⑥、侧院④、⑤。保证各个院落单元均有相邻的室外庭院，一号院以古典中轴对称式的布局致敬传统，二号院以错位布置的院落与体量转译传统多进式院落的空间形式，三号院则以当代姿态矗立一隅。在整体空间布局中形成院中院、院外院，即外部空间相互渗透的场所意向。

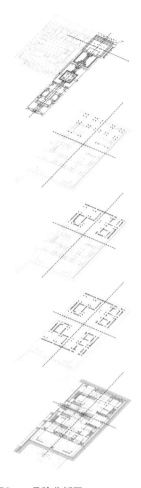

图6　一号院分析图

3　一号院·家院——合檐共宇

一号院以故宫养心殿院落结构为空间原型进行转译与设计，以中国社会中常见的"男女主人+子女+一方父母"的居住模式为例，探讨老中青三代人如何通过院落的组织共同生活。形式上延续传统建筑"反宇向阳"的特征，以统一的大屋顶整合不同的房间与院落，并以当代语汇进行构思，在保留古典韵味的同时使之具备时代特征（图5）。

以建福宫旧址的轴线关系定位一号院中心院落的几何中心，将重构后的建筑空间，以该点中心对称后形成由两组家庭空间构成的完整的一号院（图6）。养心殿在故宫90多个大小院子中是一处特殊的存在，复合的位置、功能、形制使其好似整个紫禁城的微缩模型。其位于前朝与后宫的交界处，是雍正以降清帝在紫禁城中最重

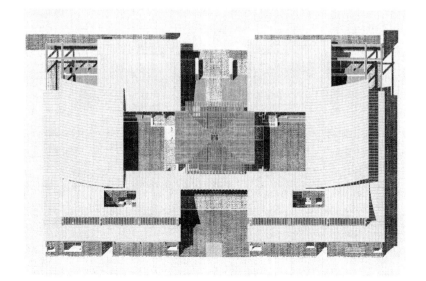

图5　一号院轴测图

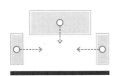

（a）合院式院落形式

（b）廊院式院落形式

办公：一条路径
（c）工作流线

慈禧太后住　同治住　慈安太后住
贵妃住　雍正住　皇后住

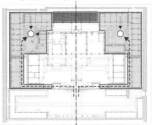

生活：两条路径，各成完整家庭
（d）生活流线

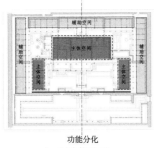

功能分化
（e）功能分区

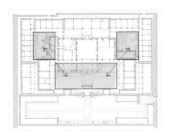

院落联系，隔而不断
（f）院落分布

图7　养心殿平面解析

要的政寝合一空间[1]，皇帝在此完成办公和生活两种流程。院落的适应性于养心殿中得以体现：一方面，养心殿与东、西配殿及南侧养心门，共同围合形成合院式院落，承载皇帝的办公流线；另一方面，后寝宫、体顺堂、燕禧堂与两侧的东、西庑房及养心门，则形成了类似廊院的外侧院落形式，承担生活功能，并通过两条路径形成两侧各自完整的生活空间。双重院落的叠加，在功能层面，形成了"辅助空间"围合"主体空间"的组织架构；在空间层面，养心殿前院与体顺堂、燕禧堂前院相对独立，但隔而不断（图7）。

养心殿空间通过院落的组织完成了对于尺度与氛围的多重表达，灵活的单体组织亦可以将不同属性的生活内容组织在统一的围墙之内。使其既具有皇城大内的森严气派，又不失寻常人家的生活氛围。

一号院以养心殿的空间布局为原型。平面以3道南北向轴线、4道东西向轴线进行定位（图9a），并形成明确的层状空间，作为功能空间的分隔与过渡。分隔形成的6个部分错位进行体量切分，以形成大小不同的3个院落：南侧的前院为空间组织核心，成为家庭

图8 一号院"前院"空间与堂屋院入口空间

图8 一号院"前院"空间与堂屋
院入口空间

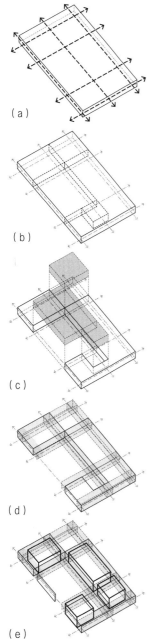

（a）

（b）

（c）

（d）

（e）

图9 一号院平面生成

图10 一号院平面图

重要的共享空间（图8）；西北方向形成转角院落，又与东侧餐厅连通，被赋予了一定方向感；东侧以减法处理，形成小型院落（图9b、图9c）。层状空间以半室外的廊空间与辅助功能的小尺度空间进行深化（图9d），同时限定出较大尺度的主体实体空间（图9e），虚实相间、主次分明，形成差异化表达。

老、中、青三代人的居住空间围绕前院U字形布置——前院北侧沿中轴线布局男女主人使用的堂屋院，西侧布局老人院，东侧布局子女院。3个院落之间穿插室外的边庭空间，以间隔功能空间，保证两边空间私密性的同时亦保留了视线可达性。U字形建筑体量与前院空间的交界处形成屋顶挑檐，塑造出传统建筑中常用的檐下廊空间。半室外的廊下空间丰富了从室外至室内动线上的空间层次，亦完成了居住者心理上从公共至私密的感知过渡（图10）。

与养心殿中空间与功能的嵌套相类似，一号院亦遵从辅助空间在外、主体空间在内的叠加布局。于实体空间而言，养心殿与东、西配殿形成的"凸"字形布局（图11a），在一号院中，北侧的主起居室、西侧的老人房与东侧的儿童房与之相对应。适当缩小空间平面的长宽比，使之更符合当代人对空间的使用需求；同时主起居室

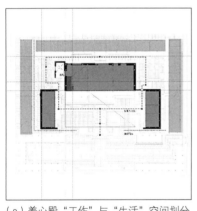

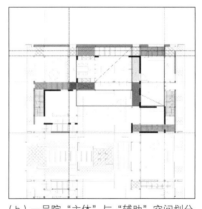

（a）养心殿"工作"与"生活"空间划分　（b）一号院"主体"与"辅助"空间划分

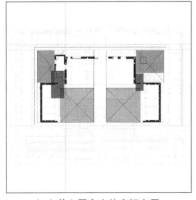

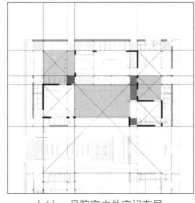

（c）养心殿室内外空间布局　　　　（d）一号院室内外空间布局　　图11　养心殿与一号院平面对比解析

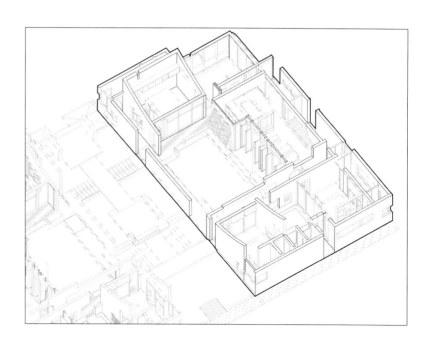

图12　一号院轴测图

面积最大，老人房次之，儿童房最小且向南侧偏移，"凸"字形平面局部错动，突破了传统的对称式构图，使空间关系更加活跃（图11b）；厨卫空间则与养心殿中的"生活"空间相呼应，以线性布局置于外侧，且与室外、半室外的廊空间交替布置，增加了空间的变化与趣味。

　　反观室外空间，养心殿组群中形成3处室外院落，西北方向燕禧堂前院空间中因设置梅坞而在东西方向被压缩，东北方向的体顺堂前院空间则因院墙缩减了南北向进深，而养心殿前的主要院落因中轴线南侧的影壁门而一定程度上被限定出左右两个空间，其中东侧空间的北界面有所后退。4个空间虽成中轴对称式布局，却各有微差。南北院落之间以洞口或转角空间相连通（图11c深灰色），流线可达而视线蜿蜒。一号院亦据此关系设置3处院落，其中东侧院落向南位移，与中心院落以墙体洞口相连。西北角院落位置与养心殿中布局相似，面餐厅代替了曾经院中的"梅坞"。彼时，透过梅坞西山墙的梅纹窗罩可观院中几株古梅树，承载了养心殿内的园林意趣；此时，将餐厅面向庭院的界面开敞，使院落成为餐厅空间的延伸，完成了家庭成员间的交流、人与环境的共融，更符合当代中国家庭的生活方式。东侧院落相较于养心殿原布局南移，以增大北侧夫妻房的空间，同时使南边的子女房相对独立，保证子女的个人空间与私密性。3处院落之间亦延续了"隔而不断"的空间关系（图11d深灰色）。南北两组的建筑部分以分别向南、向北起翘的屋顶进行统合，屋顶低处向中心延伸至中心院落的南北边界，中心院落顶界面以木构网架限定核心空间，并与东西两边的侧院形成变化与区分（图12）。

4 二号院·家院——分而不离

与一号院"合檐共宇"的设计思想相异，二号院将三代之家分散于3个独立体量之中，以游廊连缀，经营位置，向背不同，屋宇与游廊、院墙围合，形成性格及表情各异的多处院落，彼此搭接，呈现完整的家庭生活模式（图13）。"4+2+1"的家庭结构拆分成"男、女主人+子女""男主人父母""女主人父母"的居住模式，分别对应核心居与两处老年居。以此阐释"家之独立与依恋"的主题。

平面生成于建福宫花园遗址柱网，以部分曾经的九宫格柱网关系为原点，自南向北依次生成核心居、老年居1、老年居2，通过相似的尺度找寻建筑与场地对话的可能（图14a、图14b）；3处居所均以方形为母题，保留多进式院落的概念，但将建筑空间与院空间以中轴线为基础对角线错位布置，传统的对称布局被打碎、重组，形成流动空间（图14c）；各建筑单体进一步借用布扎体系中剖碎（Poché）的建构形式，凸显辅助空间围合主体空间的虚实差异（图14d）。室内空间相互独立，但其间隔穿插共享院落、游廊、独立院

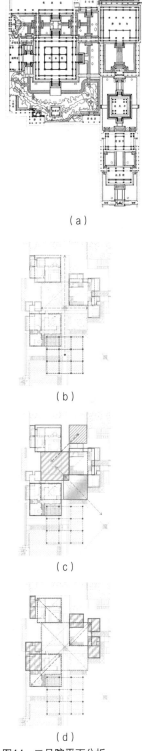

（a）

（b）

（c）

（d）

图14 二号院平面分析

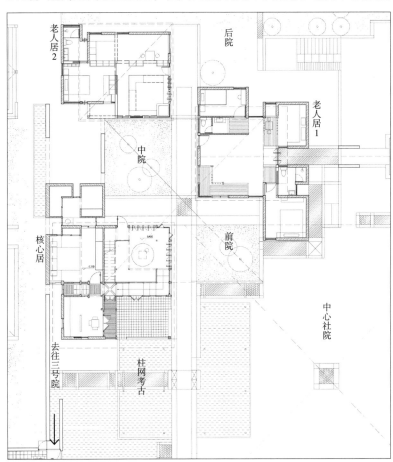

图13 二号院平面图

135

落与水院，室内外空间分布既交错而又共成一体（图15）。

核心居为一家三口设计，主卧、书房、起居厅置于一层，儿童房则置于二层。平面可划分为四个象限，以东北象限的客厅空间为核心，西北象限卧室空间向西、北扩展，增强空间的私密性；西南象限的书房空间以廊道与其他空间相接，减弱其他空间的干扰；东南象限则是室内外空间的交叠部分，室内空间与室外水院相互咬合，并通过院墙、屋檐与亲水平台限定出半室外空间，兼顾休憩与景观。

老人居1内各功能空间独立性较高，厨房空间与两个含独立卫浴的卧室空间形成3个小尺度的功能体块，体块之间相互独立并与核心的方形客厅空间相咬合，尽可能打造静谧起居环境的同时保证与

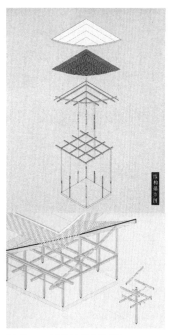

图16 二号院结构拆解图

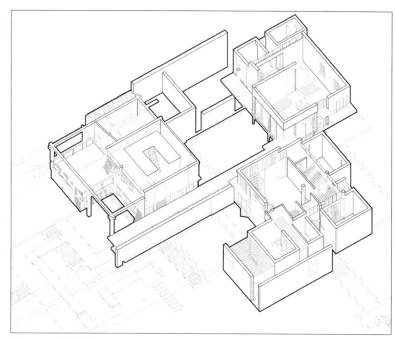

图15 二号院轴测图

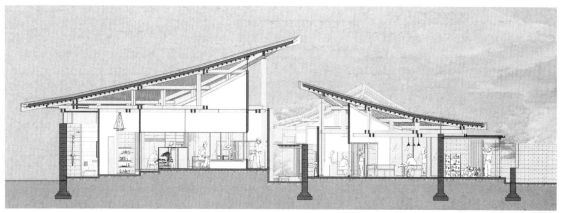

图17 二号院剖面图

核心空间的便捷度。老人居1南侧与水院之间利用围墙设置独立庭院，方便老人室外活动。

老人居2则采用尺度相对均质的四宫格布局，不刻意强调功能区的体量感，而多使用柜体等家具作为空间隔断，具有较强的可变性，便于满足灵活的空间使用与布局更新需求。其西南方向与核心居之间形成独立院落，并以景墙限定，尊重老年人对于个人空间私密性的要求。南侧院落则同时沟通了核心居与另一处老人居，成为3处居所的中心院落空间。而3处居所又以中轴连廊串联，通向尽头的水院，分散的体量之间隐含着统合的线索。

二号院整体形式上截取四阿一角为顶，3处屋宇攒心向内（图16），构建出较强的向心性，"分—合"的主题再次得到回应。屋顶高低错落，避免了大屋顶易于带来的压迫感，反而增添了形式多变的趣味性（图17）。屋宇结构使用传统层叠木构形式，强化传统营建技艺的文化传承（图18）。

图18 二号院透视图

5 三号院·微院

三号院定位为"个人的精神世界"，与一、二号院所回应的集体家庭生活模式不同，三号院的设计融入了对时间维度的考量，即子女未来的成长过程——当子女逐渐长大，即可从二号院的核心居二层搬离至更为独立的三号院。因此，三号院更聚焦于当代年轻人中普遍存在的独居现象，咫尺天地，设计通过交叠的空间、消融的内外界限来营造当代人别有洞天的理想居所。

微院的设计原型为养心殿三希堂与梅坞（图19），一国之君居于方寸，这种"大"与"小"的极致对比启发着我们思考身体与精神的空间尺度。三希堂内部面宽2.1m，进深6m，高2.1m，虽空间狭小却陈设丰富，室雅何须大，天地尽纵横。而梅坞则为乾隆三十九年于养心殿西暖阁外增建的耳房，仅有殿1间，但其小庭院中栽种了几株古梅树，方寸间露出难得的园林意趣，休憩间静静赏梅，如乾隆诗中所写"心机忘处对春容"。

图19 养心殿三希堂与梅坞

设计避免为年轻人的独居模式设限，并以此展开对极小空间设计的探讨（图20、图21）。平面布局以方形组合为基础，自西北至东南组合、交叠，形成室外、室内、室外的空间节奏（图22a）。室内空间沿相同方向碎化为相交的两个方形，核心处设置旋转楼梯，以之为中心可较大程度减少交通空间，增大使用空间的面积与连通度（图22b）。室外空间通过墙体、玄关、家具陈设与卫生间体量形成风车形布局，提供了创造流动空间的潜力。西侧、北侧墙体设置可旋转打开的两扇门，一方面模糊了室内、外的空间定义；另一方面则可因借垣墙将数米狭道内化为院，消弭界限，放大空间。室内外

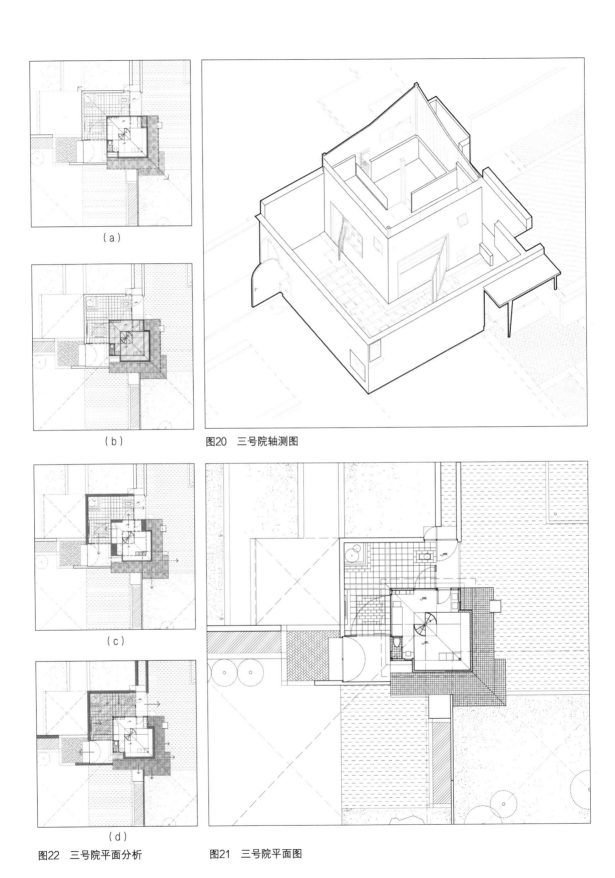

（a）

（b）

图22　三号院平面分析

（c）

（d）

图20　三号院轴测图

图21　三号院平面图

图23　三号院场景图

空间共同完成了空间的流动（图22c）。设计通过界面的虚、实处理进行视线与心理感知的引导：西北角室外院落外界面为实，突出院落的内向性；东南角室内空间界面亦作实墙处理，一方面屏蔽外部环境对居住者的过多干扰；另一方面则与西北角的院墙产生空间张力，增强了室内空间与院落的融通（图22d）。外部多处景墙的设置使视线有了被遮蔽、引导、通过的多种变化，丰富了日常的居住体验（图23）。

建筑形式上强化北方建筑砖木特征，外露的屋架提高了空间的精致度与可读性。建筑里面下实上虚，使得屋顶与墙体在视觉上呈现部分脱离的效果，增添的空间的轻盈感与现代性。细部操作则不拘泥，使之兼具古今意蕴。

6　结语

3座院落在历史语境中彼此交织，在传统的空间意境中寻找新的灵感，使历史与文化同时参与到作品的构建与生成过程之中。在空间层面，3处院落的空间布局根植于当代中国不同的家庭模式与生活习惯，依据家庭成员之间可能存在的不同的亲密程度产生3种合院空间（组合）。而无论是"微院""家院"还是"社院"，它们成为当代中国家庭结构与生活模式的空间载体与实验性探索，共同在故宫的一角与传统的院落形成整体性极强的院落群，强调家庭成员间、不同家庭的相互交往与社会生活，从而破解当代中国居住社区中常见的邻里间"陌生化"的生活模式。在时间层面，一方面设计始于与历史的对话，在转译传统建筑形式的同时呼应百年前的生活场景与历史事件；另一方面亦面向未来，思考当代中国家庭的与其成员组合方式，以寻求应对家庭不同阶段的空间适应性。

"院儿——从最大到最小"，是一个家庭，更映射了整个社会。设计延续千年的文化，使过去、现在与未来形成一个智慧的整体，从而使文明薪火相传（图24）。

图24　展览现场与模型照片（一）

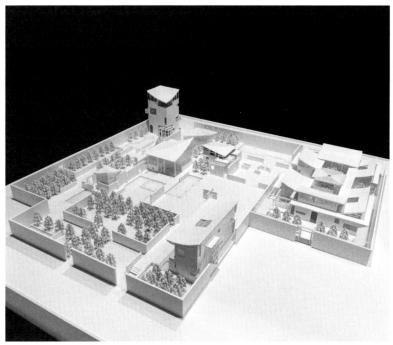

图24 展览现场与模型照片（二）

图片来源：

图1：根据《十三经注疏》改绘

图2：改绘，底图来源：晋宏逵. 故宫建福宫花园的赏石台座［J］. 故宫博物院院刊，2020（10）：46-56，343. 赵广超. 紫禁城100［M］. 北京：故宫出版社，2015.

图7：底图源自参考文献［1］

图14a：改绘，底图来源：晋宏逵. 故宫建福宫花园的赏石台座［J］. 故宫博物院院刊，2020（10）：46-56，343.

图19：改绘，底图来源：赵广超. 紫禁城100［M］. 北京：故宫出版社，2015.
其余图片均为自绘或自摄。

参考文献：

［1］何蓓洁，何丽沙. 清中晚期养心殿东暖阁内檐装修改造工程——兼论养心殿东暖阁样式雷图档辨析［J］. 建筑史学刊，2022，3（2）：83-106.

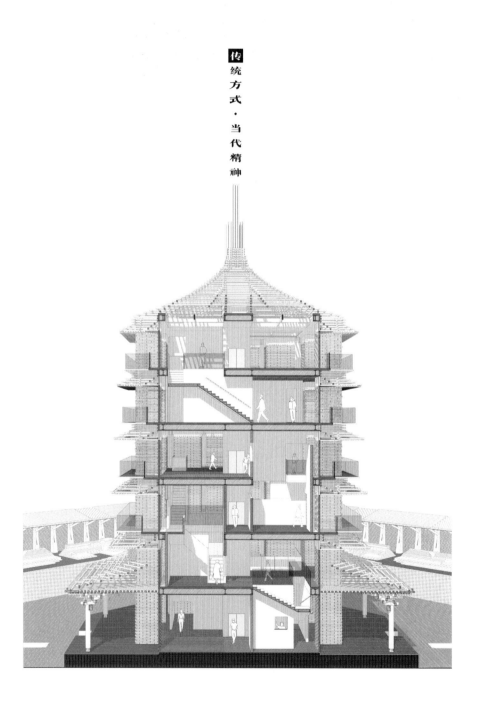

传统方式·当代精神

垂直性思辨

——2021年北京国际设计周"意匠营造"展参展作品［御和楼转译设计］解析

垂直性源于人与环境接触过程中形成的对宇宙的高度想象与憧憬，东西方传统文化中普遍存在对宇宙上下两极空间的精神性诠释，并直接作用于垂直性空间的建构，进而塑造人类空间认知的垂直向度及其行为模式。通过对人类垂直空间观的溯源，聚焦中国传统典型垂直性建构形式的明堂、塔，进行解读，从中提取传统垂直建构形制中场地、空间、形式的设计逻辑与要素构成，并以御和楼设计为例，探索中国传统垂直性空间原型与当下形式生成的关联度，为垂直性原型重构进行方法的求解。

1 文化溯源：垂直空间观的形成

1.1 宇宙认知

原始人类的空间感知源于自然现象，从对太阳、树冠、山巅的向往与崇拜中，以仰首观察感受到"上位"存在，当太阳西沉时则感知到黑暗、阴冷的"下位"存在。在对自然的观察与想象中，意识到生存环境中相互对峙的两极空间。而在天地起源神话中，天与地呈现出既分离又相通的状态。古代认知中的宇宙模型是由天上、地下和地上三个层次组成的，宇宙之柱位于中心，具有稳定大地和支撑天宇的作用，围绕着中柱的是生存环境，该系统包含四个内涵：匀质空间中构成的中心；沟通不同宇宙层次的通道或开口；中心天梯或地柱；围绕中柱的居所[1] 32。如此对宇宙的立体认知弥补了有限生存环境的地理条件限制，人类开始关注地表之外的自然与精神空间：向天表现出与神对话的空间追求，如西方中世纪拱顶、尖顶教堂，中国传统建筑中高台、明堂等；而地下则作为亡灵的隐秘世界，如西方史诗中出现的举行神秘仪式的地下洞穴以及地下墓葬。

东西方文化中宇宙方位的立体认知、"天—地—人—神"的沟通、世界之柱的崇拜与向往，是普遍存在的。中国传统"六合"的概念源于两个垂直方位与平面东南西北的组合，老庄哲学中所经常提到的"六极"的概念，亦源于此立体六方位空间图式[2] 28。中国古代文明中垂直性不只是表现两极空间的差异化概念，其主要目的是在"天—地—人—神"之间建立沟通，这亦是传统礼制的核心思想，中国古代文明是"在一个整体性的宇宙形成论的框架里面创造出来的"[3]，是包含时间、空间、社会等多维关联的整体性宇宙观，因此古人对宇宙垂直模式的认知不只在方位表达上，其与时序时令、等级秩序均有关联，许多礼制性建筑都存在象天法地、时空统一的物化表现，如明堂五室与天空星象的对应关系。此外，垂直宇宙模式的中央具有核心内涵，中国人意识中的世界之柱——建木，即是位于大地的中央，且具有沟通天地的"天梯"作用，东方早期的佛塔，神道教的圣树则演变为中心柱，直接影响古代佛塔形式。由此可见，垂直空间观源自原始人类的自然崇拜与想象，而在东西方各自的发展中，中国传统垂直空间观更表现为一种认知框架，强调物象规律、社会秩序的定位，并通过传统营建中上下、中心、四方的空间系统地呈现。

1.2 空间模式

人类对宇宙垂直性认知的形成，在一定程度上产生相应的空间模式并作用于营建活动中，由文化、宗教理念的不同产生差异化特征。大地是人类源初的庇护所，人凿穴而居，继而走向地面筑台架屋，营建栖居之所，过程中不断回应四壁围合空间中向上扩张的力量，以拉近人与天的距离。垂直维度上的空间探索形成了三类模式：一是由竖向扩张形成向上的方位指向，轴线依托大地、直指苍穹，如方尖碑、金字塔、教堂等，在视觉上产生强烈的向上聚起性；二是在天地间构筑纵向向上的序列与道路，如佛教文化中宇宙是一个由低级层次向高级层次递进的垂直结构，婆罗浮从塔基到顶层平台分别象征"欲界""色界""无色界"。绕拜路径也随着层级升高，装饰逐渐简洁，引领绕拜者获得精神的扬升[2]；三是天、地空间体系平行共存，相互同构，互为映象，成为一种镜象式的空间结构，如中国传统营建中"象天法地"的原则，在大地构筑中映现天宇的秩序。这三种垂直空间模式在对上、下两极关系的建构中有所差异，从而带来对垂直性感知方式的不同，"指向"表现一种向背关系，直指视点的抬升，在空间中感受到向着天穹的"力"，如罗马万神庙水平面的四条主轴在中部相交，并又升起垂直方向的轴线作为连接天地的世界之轴：发于地面，向上延伸，穿过穹顶中心的大圆孔，直指天空[4]；"梯进"表现一种层级和递进关系，更有"通道"的感知倾向，从而带来有关身体上升运动、序列体验的身体构筑，如古巴比伦未建成的通天塔，外壁阶梯不断绕行、以身体突破重力，在天地两极间提供一种环绕中心、螺旋上升的精神；而"镜象"则表现映射和同构关系，《明堂阴阳》称："明堂之制，周旋以水，水行左旋以象天。内有太室象紫宫；南出明堂象太微；西出总章象五潢；北出玄堂象营室；东出青阳象天市"，可见中国古代礼制建筑明堂的方位布局是"体天"而来，其设计尺寸和宇宙运演模式相关，如

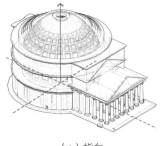

（a）指向

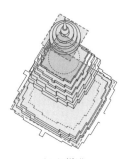

（b）梯进

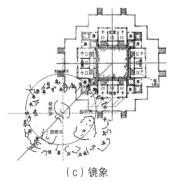

（c）镜象

图1 三种垂直空间模式

十二宫以应十二辰，二十八柱列于四方，亦七宿之象[2]，镜象模式中，垂直性通过平面秩序组织和数理逻辑产生的与天宇间的映射关系表现出来，极大地强调出建筑的象征性而非实体形象（图1）。

1.3 场所建构

　　人类在空间环境中选择特定地点经过经营便成为"场所"，宇宙观在其中起着指导作用。人类"定居"普遍以自身为世界中心，试图与"神"建立联系。原始人类认为天空就是一顶帐篷或屋顶，庇护着大地和大地上的生命，而星辰则是天幕上的孔洞，光线透过它们照射下来，居所空间即是一个微缩宇宙，场所建构就是营造出能够"上天入地"的建筑空间，使人们"诗意"地栖居。巴什拉在对家宅精神性的阐释中，将其想象成一个垂直的构造体，通过地窖与阁楼诗性形象唤起两极特征。现代建筑对垂直两极间跨越层级、锚固场地的垂直力量产生无数构想。柯布西耶的萨伏伊别墅在最初的剖面草图中，螺旋楼梯和坡道、地下室和向天空打开的露台使垂直力量贯穿整个建筑，将住宅从地面延伸到天上与地下，从而产生两极化的戏剧性（图2）。与此同时，层化的宇宙想象中贯穿各层级的通道增加了时间维度上的经历刻画，如特拉尼的但丁纪念堂通过螺旋路径模拟身体从堕入地狱到升入天堂的空间序列。而在库哈斯波尔多住宅中，通过嵌入山体中的地窖、螺旋楼梯与升降梯、悬浮的阁楼建构以自身为中心的微缩宇宙，从两极延展了家宅的诗性内涵。

　　除了对垂直维度上的空间构想，垂直性场所营建还包括"天空—大地"空间的三维建构。一方面重温大地的空间意义，利用墙体厚度和体积感展现空间对身体的包裹感；另一方面使得空间向上延伸，与天空、光线建立密切联系。如阿道夫·路斯空间体积规划（raumplan）表现现代抽象空间的同时，也强调以人为中心和包裹感知的古典主义容积（volume）的特征[4]，突破楼层概念，将体积一样的空间在三维上进行组织（图3），筱原一男提出"龟裂空间（fissure space）"的概念，将垂直性融汇进入到整个空间逻辑之中，其关于龟裂空间的设想："视线穿透山谷般幽深的空间到达开阔处，光线从高处倾泻而下，上方又一个山谷般的空间——或是梯井——引导向上的趋势"[5]（图4）。同时，人们在自然环境中感受垂直性还源于自然崇拜，高大树木的轮廓激发建构的想象。黑格尔认为中世纪拱造的哥特教堂的拱壁和飞券表现一种森林的拱，成排的树枝条对倾、相互交错，飞券作为拱壁树干的延续，自然倾斜形成覆盖的屋顶。树木向上生长、自然倾覆的特性在垂直维度上构建整体性结构。赖特从中日塔式建筑中提取了垂直支撑、悬挑结构形态为灵感，并将之与松树进行类比，并在1952年Harold Price Tower设计中，

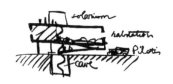
图2　萨伏伊别墅剖面草图

图3　阿道夫·路斯Villa Mandle 剖面

图4　筱原一男Shino House

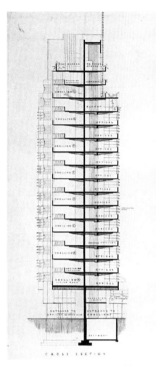

图5 Harold Price Tower剖面

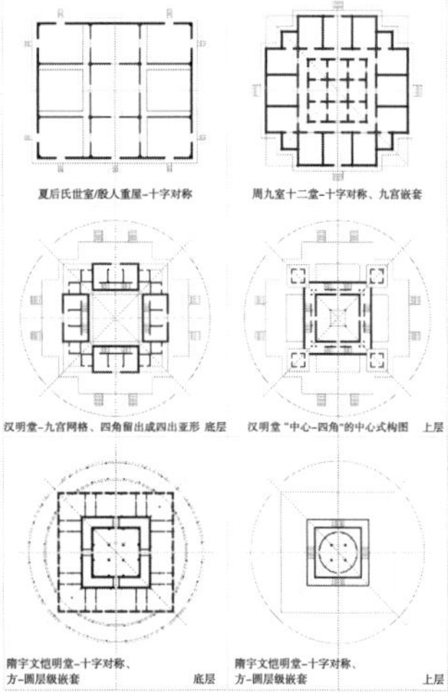

以从拥挤城市逃离、垂直树木形象作为"树——逃离拥挤城市",以垂直性精神应对城市急剧扩张的形态,在垂直维度上探寻人们对自由的向往(图5)。

从强调两极的宇宙模式、垂直栖居地的分层宇宙模型,到对天空—大地的空间体验,以及象征生命力的树木意向,多种垂直性意向在不同文化背景中渗透出人类的构筑行为,是塑造场所精神的重要途径。

2 原型解读:中国传统营建中的垂直性建构

与中国传统相关的垂直性营建活动源于对天地沟通的智识[6]167,其演变过程大致包含高台屋榭、重层楼阁、塔三个阶段。魏以前的史籍,建筑之高者多以"台"论;楼阁雏形可追溯至周《考工记》"殷人重屋",宫室中央升高形成重屋,以营造神圣空间,后《说文》释"楼者,重屋也",此时楼阁反映的是纵垒的意向,即具备相同结构和空间要素单元竖向叠加;东汉时期,佛教建筑窣堵波与楼阁的结合产生塔的形制,垂直空间得以进一步强化,成为佛教礼拜活动与登临远眺的场所。明堂和塔是中国传统文化中垂直意识集中体现的垂直建筑原型,明堂以中心性的空间构成象天法地,在有限高度建构中,运用空间组织、数理规律构筑天地意向;塔则是将礼仪性宗教活动与身体经验相结合。

2.1 明堂

明堂作为古代礼仪之所,通过将传统宇宙观和思想转译为控制设计的密码系统而获得纪念碑式的象征意义[7],以强调轴心、方位、层级、次序的空间建构逻辑,形成具有"通天尚中"传统哲学观的内在图式。

2.1.1 中心图式

明堂作为理想空间图示,以强调中心、方位、时序满足沟通天地的构想。其图示可追溯至夏后氏世室、殷人重屋,后人依据《考工记》相关记述将夏世室复原为十字轴对称的五室空间;殷人重屋在此基础上,中央太室抬升,强调空间图式的中心性[8];周人明堂承续殷人重屋之逻辑,或是井字划分的九室格局,抑或是十字对称、九宫嵌套,同时关联十二月令的九室十二堂布局[9];汉明堂形制完备,在九宫、十字的基础上,细化对角空间组织,形成基本亚形图示;隋宇文恺的明堂方案在平面上遵从古制,从外向内通过连廊、四室围合中心,形成层级嵌套的基本图式[10]。东汉以来的注经者和考据学家,对于明堂亚形四出的基本图示构成没有多少异议[11],即

图6 历代明堂图式形式分析

在九宫格的控制下，留出四角成四出亚形，强调以中央向四方延展的十字轴对称，以及共享中心的十字、方形、圆形多层级嵌套的内在结构图式（图6）。

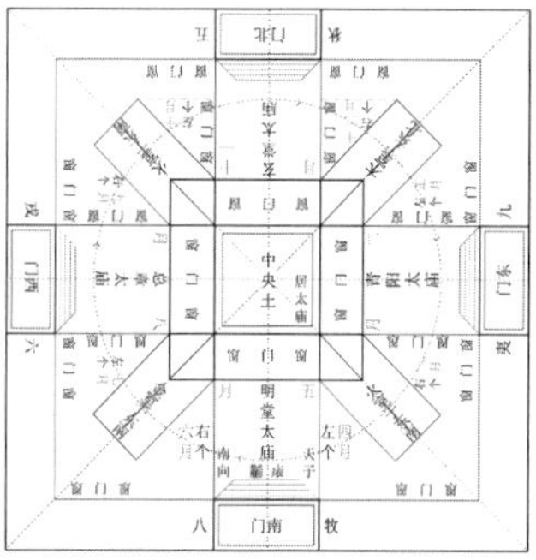

2.1.2 流动时空

明堂图式是一种包含四方四时、时空一体的整体性图示。杨甲绘明堂月令图（图7），将宇宙中各种元素的依存与转化关系、四时四季的循环更替通过明堂图式表述出来。中心是天地沟通位置，在五行系统中为"土"，环绕着中心，十二月与十二堂室——对应，《礼记·月令》规定天子逐月生活起居的"十二堂"沿着一座建筑之四个正方位的外围逐步展开，重构了皇帝在明堂中的移动路径，最终完成了这一礼仪纪念碑式的象征结构。《水经注·湿水》描述北魏孝文帝时的一座明堂："在室内设一圆形藻井，上绘星宿，下施机轮，按月转动以应月令"，进一步强化了这种围绕中心、季节和所有元素的循环运转的时空观，体现了五行系统、时间运行等宇宙力量赋予明堂图式动态流转的深刻内涵。

图7 月令明堂图（杨甲绘）所示流动时空的相互映射

2.2 塔

传统垂直营建原型存在两种不同的认知视角，就外部形态而论，竖向要素的垒叠与局部变化显示整体，既呈现传统美学，又通过"视点–视距"关联形成对周边的尺度把控。就内部空间而论，则更关注仪式性路径与内外空间布局与视景推敲。

2.2.1 形式规律

比例模数与形式美学的关系认知源自特定时期的思维认知，对传统高层建筑的尺度构成和模数比例的研究，特别是从20世纪60年代至今的应县木塔相关研究，具有相当的代表性。陈明达发现了应县木塔中立面设计的尺寸关联方式，以第三层柱头面阔8.83m为基本模数，高度根据a、b、c三个基本数值和b两个变异数值的有规则的组合，这一模数控制使其获得了比例严密的有节奏的立面形式[12]。此外，基于方圆作图的构图比例，学者王南提出应县木塔整体高宽比$2\sqrt{2}$、整体带基座高宽比$\sqrt{2}$构图规律[13]（图8）。种种研究表明传统垂直营建中，高度尺度构成存在着比例规律和韵律节奏，通过形成基于模数的控制线，从而取得和谐的造型比例关系。而尺度比例同时作用于外部环境布局，通过控制视域角度进行形式推敲。陈明达在应县木塔及其院落组织的空间布局进行分析时发现，南北轴上木塔高度与视线角度定位塔与山门之距离，而塔与大殿的距离和视角则决定大殿之高度，视点、视域与视距成为环境尺度控制因素[12]（图9）。

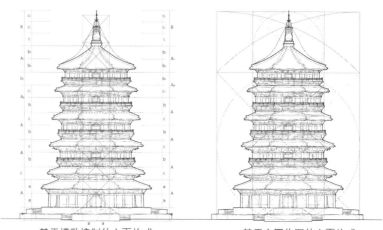

图8 应县木塔的形式比例控制

基于模数控制的立面构成　　　　　基于方圆作图的立面构成

图9 应县木塔外部空间组织

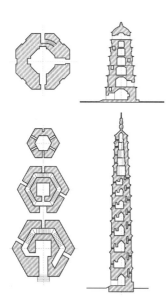

图10 砖石塔内部空间组织

2.2.2 路径组织

在垂直营建活动中，联系各层的路径最为关键，尤其是佛教绕拜礼仪对楼、塔内部路径空间产生极大影响，围绕中心空间的路径模仿了日月星辰的运行轨迹[14]，应县木塔在空间处理上，从中心向外形成内槽、外槽两个圈层，楼梯沿顺时针方向设置在外槽，每层均有挑出塔身的平座，可以绕塔一周环形远眺，形成完整的螺旋路径[12]。此外，砖石塔中内部形成特有的减法式空腔包裹路径，作为内外连接的通道，在剖面上通过厚重墙体构造拟合并强化空间螺旋上升的动势，塑造了丰富的内部空间，利用墙体的厚度和体积塑造空间的包裹性感知（图10），路径形态与螺旋上升动势构成了穿越时空的精神体验。

3 塔体重构：御河楼方案设计

2021年北京双年展设计周参展作品——御河楼，是我们工作室关于垂直性空间意向设计的研究课题（图11）。该项目地块位于运河故道与新道之间，据《津门保甲图说》载，明清时期运河沿岸形成系列祭祀祈福空间（图12），其中于公塔、文昌阁分别对应杨柳青十景中的"塔林晓日""魁阁蒙雨"，表明在杨柳青古镇发展的历史溯源中，楼阁、塔曾作为运河沿岸重要的景观节点和文化场所。基地位于杨柳青元宝岛西北角运河转弯处，独特的地理位置使此处成为控制景域、提供视觉中心和登临眺望点的场所（图13）。中心式空间结构成为首选，通过中心位置、水平与垂直方向上的空间组织，形成统领全局的重要场所标志。方案一以"明堂"为原型，以未来不确定的使用需求替代明堂"祀五帝、颁月令、祭祖先、祈丰收"的原初功能，吸纳了其内在十字轴线对称、层次井然有序的结构形式，采用风车形的空间组织方法，解构具有传统等级体系的楼阁形制，以反映当代生活世界的空间与形式。方案二以"塔"为原型，在消解传统塔体量厚重感的同时，结合"粒子化"界面设计使内外空间彼此渗透，楼阁以虚幻场景再现，通过体积空间围绕中心轴的螺旋上升，重构传统塔内部对身体包裹的路径体验，围合构件在空间中层叠交织。

图11　御河楼展览现场

3.1 设计方案一：解构与重组

德里达（Jacques Derrida）的解构主义哲学源于对二元关系的质疑与批判，从而形成延异的思想。方案一通过对传统空间秩序、功能与使用方式的解构，打破传统与现代看似二元对立的关系。构思以明堂图式为原型，解构原型图式其中的层级秩序与十字轴线，将其演绎成风车形架构，螺旋上升的梯段破解了原初的静态空间，围绕着垂直中心向上蜿蜒，产生了人行进于空间中的动态体验，将流动性时空隐喻通过一系列空间操作重组于当代时空。

3.1.1 场地回应

形式源于场所结构，场地拥有近似1/4圆弧的水岸线，其东南侧"L"形的既有建筑成为定位的参照。御河楼方案一选取"高台—楼阁"的基本形制，通过中心形成天地沟通的十字定位，运用方形几何面向运河，与南北方向形成45°夹角，其中心作为地上与地下、中心与外围空间转换的核心。场地设计以界定边缘与强化中心为主线，通过地表景观要素的叠层组织与垂直主体建立关联：东南角以

图12　明清时期的杨柳青

图13　场地选址

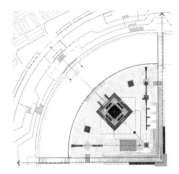

图14 方案一总平面图

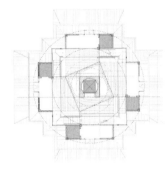

图15 平面构成

跌水景观及"L"形边廊形成景观边界,转角交点处以滴水口指向主体方向。靠近主体楼阁侧叠合"L"形半地下空间作为入口体验序列,通过叠合空间相互嵌套,以及对不断接近中心的过渡空间和景观层次塑造,重构传统塔院空间层层递进的空间体验,进一步明晰"中心—边界"的场所意义——以图底中的边界增稠、秩序叠合强化外围向中心转变的空间序列。建筑主体强调高台基座分层错位,与"L"形对角动势,形成人工景观向运河景观的转换,其意图在于使御和楼成为运河沿岸景观的有机组成部分(图14)。

3.1.2 形式生成

平面以明堂"中心—四方—四隅"的亚型为空间图式,确立正交方向主轴与对角方向次轴。以中心内核2.7m×2.7m的方形为基本模数,从内向外形成核心、方形与十字叠合的对称布局,通过相应的几何秩序控制多层台基的尺度范围。同时方形主体边界四角形成回环路径并划分内外圈层。回环路径以角部梯段为始点向上延展,形成旋转动势(图15),作为一条"时间"环线,回应明堂图示中的动态时空隐喻。十字轴线四翼通过偏移一个模数单位转变为具有现代流动空间的风车形立体构成,而在台基和地下层,楼阁地上主体的四出亚形转变为地下部分九宫格的中心,风车四翼向外延展,并

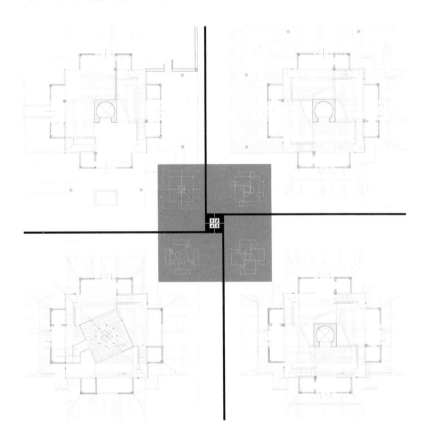

图16 方案一上层平面图

图17 立面体量构成

对十字构成进一步向内挤压,形成四象限式的空间划分。以中心、四象限与九宫格图解关系巧妙地进行垂直向度的空间组织(图16)。

在体量建构中,围绕中心的风车四翼产生向外辐射的剪切力,对传统层叠式体量进行解构,平面上的旋转动势转变为垂直方向上连续的体量错位,模糊楼阁水平层叠体量的阅读(图17)。并将上升的动势延伸至屋顶,双层台基体量在水平方向上延展视域,形成水平河岸向垂直楼阁在视觉上的视域过渡,台基在三层解体,与御河楼主体进行拼接,在视觉上打破完整的对称性,强化纵向的视觉张力,同时在网格模数的控制下保证整体形象的和谐比例。

3.1.3 空间操作

明堂原型表现了中心向外延展的水平空间张力,在御河楼空间组织中,通过对方形主体空间内部的分解与错位,形成由中心向边缘开放的空间氛围,同时转角末端空间外挑平台,模糊内外空间界限,将内部视野延展到外围景观环境中,从实体内核到外侧半透明边界,使用者视野逐渐打开,形成界面由实转虚、空间由中心向边缘发散的水平性过渡,该手法与赖特在相关塔型建筑中所展现的空间操作手法类似(图18),通过主体方形与内接十字,形成错位的风车形图解,而向外旋转的动势亦使边界与环境相融,开放的边界支持空间的水平延展,使内外空间彼此渗透(图19)。

图18　赖特Price Tower平面图　　图19　平面图分析

在垂直性构思中，电梯作为现代空间中垂直势能转换的内核，占据中心，提供了向上的暗示。周围空间以风车形错位组织，打破层状水平空间的静态性。四角梯段在垂直向度上连接空间，连续的路径加强了垂直方向的空间流动。顶层平台旋转22.5°，并通过8根柱子与环形钢梁支撑起屋架顶部，柱子的位置对应四隅、四方。错位形成的间隙将光线弥漫于整个空间中，上升的动势与天光浑然相成（图20）。而台基处空间向下延展，在地下转为洞穴式空间，从下向上形成由闭塞向通透转化的空间体验。对明堂原型的释读是将其内核作为能量核心，围绕其流动能量展现出大地与天空的对话（图21、图22）。

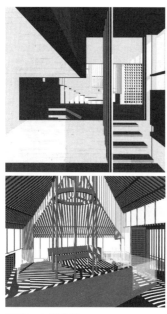

图20 内部空间

图21 模型照片

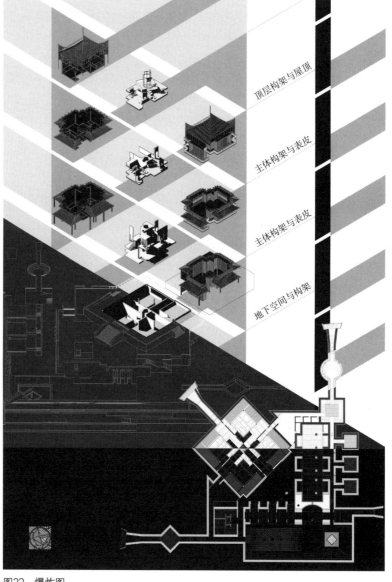

顶层构架与屋顶

主体构架与表皮

主体构架与表皮

地下空间与构架

图22 爆炸图

3.2 设计方案二：消解与再现

隈研吾在《负建筑》中以批判性思维探索新的空间模式，强调建筑的消隐、自然材料的运用、与环境的融合等。他提出"弱建筑"设计理念，将建筑作为环境的从属部分。运用"粒子化"界面消解建筑边界，促进环境引入，并在视觉上强调形式的消隐，实现建筑与环境共生。方案二以塔为原型，在消解塔的实体同时，以现代材料以及空间组织实现"塔影再现"。

3.2.1 场地回应

方案二则通过简化图底关系强化出主体高层意向。使用大面积水体围合主体建筑，规避了复杂要素的干扰，营造静谧平和的氛围。简洁有力的几何线性景观强化了传统布局中的轴线关系，其纯粹的水平特征形成虚幻的地平线，使得主体楼阁的垂直性极大化地呈现（图23）。在布局中强化了两组几何控制线：一组沿着水平纵向的外围建筑边界，通过桥体延展到对岸；另一组则沿对角方向与对岸景观形成对景。运用传统营建方式中对视点、视域、视距的把控，控制透视空间中主体建筑高度：以对侧河岸和"L"形边界转角处为中景观望点，倾向于塑造围合感适中、能够观看到建筑立面构图的整体视觉空间感知（图24）。主体建筑位于二者中心，与观景点相隔70m，为使观景画面的楼阁整体效果呈现，视距与楼高比值在2～3之间，仰角在18°～27°之间，因此设计高度在30～40m左右（图25），场地内部同时满足近景（20～30m）、中景（30～70m）的观看视距，并注重远近行止不同而变化的视觉感受。

3.2.2 形式生成

在体量构成上，方案二则更强化传统楼阁的层叠特征，以四层屋檐上部为基线，以其高度的$\sqrt{2}$倍作为顶层屋檐下方高度。同时确

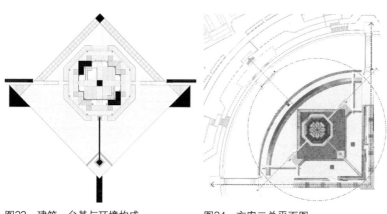

图23 建筑、台基与环境构成　　图24 方案二总平面图

图25　角部塔视景

图26　立面体量构成

定首层外廊位置，整体高度为基线高度的两倍，顶部竖向构件与台基向垂直两级方向延展1/4基线高度，从而确定整体立面构图。与此同时，将传统建筑要素中的屋檐、斗栱、塔尖通过层叠的木构件进行拟合，使其保持传统韵味的同时反映当代性（图26）。

与方案一旋转上升的形式不同，方案二重新阐释砖石塔中腔体包裹的空间与身体空间构筑，形成内在力量的隐喻。内与外两种秩序可以从平面组织中得到解读（图27），主体方形空间通过对十字轴线的偏移改变四个象限面积大小，从而构建出强烈的对角关系；楼板与贯通空间交错布局，呈现出明晰的图底反转。外侧空间虽然因十字轴线的偏移亦呈现出局部的风车形构图，但其却成为主体空间的围合界面，为界面的消解提供可能（图28）。两种秩序在内外层交叠，将外层空间虚实反转，体量间的围合腔体通过景框引发相互渗透，屋顶天窗在带来柔和天光的同时加强了建筑内部空间的竖向交流（图29、图30）。

在光影塑造上，方案二关注对传统楼阁界面和光影氛围的重构，《释名·释宫室》："楼，言牖户诸射孔娄娄然也。"射孔，指门窗上可以照射进阳光的孔格；娄娄，空疏也。高层楼阁中光与影对

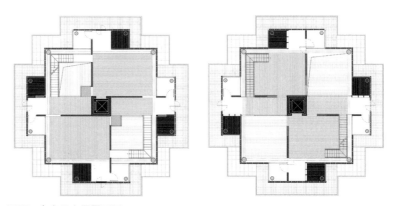

图27　方案Ⅱ上层平面图

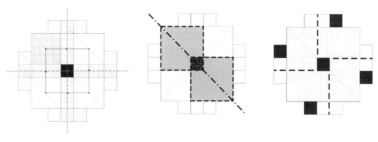

图28 平面构成

比效果更加明显，方案关注于界面与内外空间关系和光影氛围塑造上，通过木构件形成"类织物墙"，形成介于传统厚重封闭墙、现代透明百叶墙之间的透明界面。当代建筑开放的特征要求将传统楼阁表皮进行反转，将以往"实面—虚点"的表现方式反转为"虚面—实点"，通过层叠化形成对界面透明度数的调节采用大面积的玻璃砖在结构外侧砌筑起"虚面"，在玻璃砖的间隙插入木片形成光影元素，构成"实点"的光影元素，进一步通过控制插入木片的数量，使表皮形成渐变效果，不仅使楼阁封闭内向的氛围反转为朝向四周的开放透明氛围，同时产生了虚幻的光影效果。实与虚的间隙中，围合界面的物质性被分解，从而构成与外部环境相关的动态肌理效果（图31）。

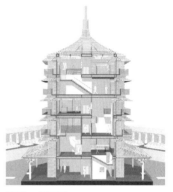

图29 剖面图

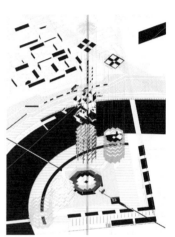

图30 轴测分解图

图31 沿河塔景图

4 结语

中国传统营建的"垂直性"建构逻辑是人在适应、认知环境过程中逐渐形成的，表现在建筑的内在图式、空间意向、形式逻辑等层面。"营造意匠"北京双年展以传统明堂图式以及楼、塔等垂直建构形制为基本原型进行设计研究，寻求在当代使用需求下的传统基因，并将其内在图式与当代空间组织耦合，从场地、形式与空间三方面探讨基于传统原型的设计方法，以探索当代建筑延续历史文脉的理想范式。

图片来源：

图1c：改绘，底图来源：王世仁. 中国建筑史论选集-当代中国建筑史家十书 [M]. 沈阳：辽宁美术出版社，2014.

图2：越后导研一. 勒·柯布西耶建筑创作中的九个原型 [M]. 徐苏宁，吕飞译. 北京：中国建筑工业出版社，2005.

图3：LOOSA. Residences[J]. Architecture and Urbanism, 2018.

图4：筱原一男作品集编辑委员会. 建筑：筱原一男 [M] 南京：东南大学出版社，2016.

图5：NUTE K. Frank Lloyd Wright and Japanese Architecture: A Study in Inspiration[J]. Journal of Design History, 1994, 7(3): 169-85.

图6：改绘自以下文献：

王世仁中国建筑史论选集：当代中国建筑史家十书 [M]. 沈阳：辽宁美术出版社，2014.

王贵祥. 上古三代明堂探微与汉魏明堂制度之争 [J]. 建筑史学刊，2023，4（3）：26-37.

杨鸿勋. 宇文恺承前启后的明堂方案——宇文恺一千四百周年忌辰纪念 [J]. 文物，2012（12）：63-72.

图7：改绘自以下文献：

陈明达. 应县木塔 [M] 北京：文物出版社，1990.

王南. 规矩方圆浮图万千——中国古代佛塔构图比例探析（上）[J]. 中国建筑史论汇刊，2017，（2）：216-256.

图8：改绘自：陈明达. 应县木塔 [M]. 北京：文物出版社，1990.

图9：改绘自：（宋）杨甲《六经图考》

图10：图片改绘自以下文献：

张墨青. 巴蜀古塔建筑特色研究 [D]. 重庆：重庆大学，2009.

邓蕴奇. 黄州青云塔的建筑特色分析 [J] 现代商贸工业，2010，22（8）：84-85.

图12：（清）《津门保甲图》

其余图片均为自绘或自摄。

参考文献：

[1] 沈克宁. 建筑现象学 [M]. 北京：中国建筑工业出版社，2007.

[2] 王贵祥. 东西方的建筑空间：传统中国与中世纪西方建筑的文化阐释 [M]. 天津：百花文艺出版社，2006.

[3] 中国古代空间文化溯源 [M]. 北京：清华大学出版社，2016.

[4] 范路. 空间容积设计的三种理论解读——以阿道夫·路斯的穆勒住宅为例 [J]. 城市环境设计，2021（4）：312-318.

[5] 戴维·斯图尔德，徐好好，彭颖睿. 筱原一男的三种原空间和他的第一、第二样式 [J] 南方建筑，2013（5）：17-22.

[6] 王贵祥. 中国建筑史论选集 [M]. 沈阳：辽宁美术出版社，2012.

[7] 巫鸿. 中国古代艺术与建筑中的"纪念碑性" [M] 上海：上海人民出版社，2017.

[8] 王世仁. 中国古建探微. [M]. 天津：天津古籍出版社，2004.

[9] 王贵祥. 上古三代明堂探微与汉魏明堂制度之争 [J]. 建筑史学刊，2023，4（3）：26-37.

[10] 杨鸿勋. 宇文恺承前启后的明堂方案——宇文恺一千四百周年忌辰纪念 [J]. 文物，2012（12）：63-72.

[11] 曹春平. 明堂初探 [J]. 东南文化，1994（6）：72-81.

[12] 陈明达. 应县木塔 [M]. 北京：文物出版社，1990.

[13] 王南. 规矩方圆浮图万千——中国古代佛塔构图比例探析（上）[J]. 中国建筑史论汇刊，2017（2）：216-256.

[14] 宋坤璐，梁江. 佛教建筑绕拜空间的演变及动因 [J]. 新建筑，2021（3）：115-119.

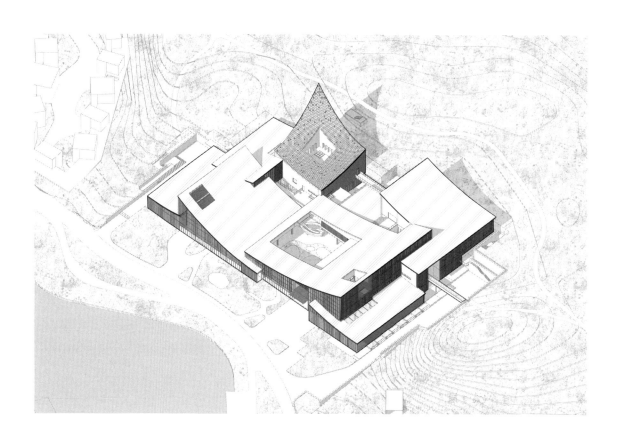

水平性求解

——凯州文化中心设计解析

文明的差异使得不同地域的空间体验与营造行为呈现出多样化的特征。如果说哥特式建筑通过垂直性彰显与天空的对话，那么中国古代建筑则大多以水平的形态呈现极强的亲地性。从营建的视角对水平性概念展开思辨，在阐释其内涵与外延的同时，揭示关于水平性认知与营造的内在文化图式，以凯州文化中心设计为例解析其在当代文化中的表达，分别从相地、空间、形式与建构四个层面阐释水平性图式的演绎，以当代方式持续传承。

1 概念辨析

水平性与垂直性始终伴随着人类天生的空间认知，构建起存在于世的基本坐标，并得以辨认宇空中的位置。就水平性而言，与草原、沙漠、海面等辽阔地景相关联，空旷的景致将人类的视知觉引向地平线——一条划分天地之间无限延展的水平界线。1747年雷诺兹（Joshua Reynolds）创作的自画像是一个例证（图1），画家举手在眼睛上方眺望着远方，其本能的姿态正是人类最初体验水平性场景的生动描写，在罗宾·埃文斯（Robin Evans）看来，举起的手在视觉上方形成遮障，限定了视野方向[1]，在水平维度上强化了人类原始的空间经验，使之聚焦于远方的无限性。从中不难发现视觉经验的重要性，其在感知中一直处于优先地位[2]。视觉具有揭示事物本质的先决能力，人类认知世界的方式主要依赖观察这一与视觉紧密联系的行为。作为人类最习以为常的视觉方式，平视远方能获取丰富的空间信息，有益于人类本能的生存意识，即安全感和方位感。建立在平视经验上的与地平线平行的综合感知渐渐地构成了水平性认知的原始内涵，即安宁、平静、松缓和无穷尽的心理安慰。

图1 雷诺兹自画像

水平性不仅意味着一种视觉经验，亦与人之初婴儿爬行行为相关[3]。从婴儿爬行到直立与行走，均显示出人类通过水平维度的行为探索世界并内化为自身的感知。在此意义上，相比垂直性，水平性与人之初的切身经验更为密切。日常的生活世界基本建立在水平向度上，是一种更适合生存的模式，水平性"与人们生活的世俗世界建立了映射关系"；水平性与身体卧躺的动作相关联，而躺的行为指向睡眠或者死亡等意识休眠的状态，因而水平性也具备了"失去生命活力的寂灭状态，如压抑、宁静、倾颓"[4]等内涵。

人类总有一种将对自然界的感受在人造物表达的倾向[3]。在综合了视觉和行为经验的基础上，将原始的经验物化至居所之中，开始安居与扎根，水平性亦成为人类的起点，并求索一种关于栖居的意义。世界各地域气候与地理条件的差异使得人类居所丰富多样，从穴居到树屋，或许并非所有居所均强调水平特征，但一切居所均建立在大地之上，在日常的生活世界中思索建筑、居住行为与世界之间的关系。

以农耕文化为主的中华文明与土地之间的关系尤为紧密，水平性概念源自中国传统哲学观，以农耕文明为立身之本的中华民族，土地是其得以存在并源远流长的关键因素，古人遵照自然时令，适应土地特性耕耘劳作，对土地形成某种天然的依赖，使古代建筑呈现出明显的亲地性。中国传统木构建筑在材料选择、空间营建等方面体现了人与自然的交融与互动，发展出成熟的营造模式。在以《弗莱彻建筑史》为范本的西方建筑史视角看来，在中华文明的不断演进之中，传统木结构建筑始终无太多显著变化，因而将中国传统建筑视为某种"非历史"的存在[5]，即缺少纵向历史发展和变化，该认知固然是西方中心主义主导下的偏颇判断，但在某种程度上亦反映着中国传统建筑的相对稳定的营建观，并形成了携带自身独特文化基因的古代建筑范式。

随着现代文明的冲击，水平性图式的内涵范畴不断拓展，并且依托工业时代的复制美学与机械制造，逐渐衍生出三种操作模式：一是单元与模块的复制与组合；二是追求空间的开放与灵活；三是回归大地的地景化操作。以勒·柯布西耶提出"多米诺体系"（图2）为起始点，水平性图式蕴含的"不断复制与无限延伸"[6]的意味在建造层面变为现实，并以其高效率与经济性呈现出强大的适应性。柯布西耶在阿尔及利亚的规划构想中提出一种称为奥勃斯（Obus）的结构框架（图3），即一条沿着汽车公路延展的基础结构框架，路面以上12层，以下6层，层高5m[7]。该结构性框架模式被尤纳·弗莱德曼继承并置入于城市空间的构想之中（图4）。多米诺体系最重要的特征在于单元沿水平方向无限延展。史密森夫妇提出"毯式建筑"（mat building）的概念，作为民主观念的产物，毯式建筑以一种水平延展的形式容纳相互关联的功能，能够适应城市变化而不断扩展[8]。作为荷兰结构主义建筑代表作，阿尔多·凡·艾·克设计的阿姆斯特丹孤儿院（Amsterdam Orphanage，图5）和赫曼·赫兹伯格（Herman Hertzberger）设计的中央管理保险公司大楼（Centraal Beheer Offices，图6）被视为阿拉伯式的毯式建筑，其策略源自多米诺体系的启发，采用单元水平扩展的建筑单元模块生成建筑整体。

密斯·凡·德·罗（Ludwig Mies Van der Rohe）的"流动空间""通用空间"则代表了水平性图式在空间延展，并且逐渐与体验者水平运动的行为建立起密切联系，巴塞罗那德国馆（图7）则成

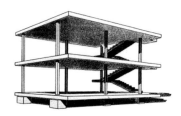

图2　多米诺体系

图3 阿尔及尔规划

图4 尤纳·弗莱德曼的想象画

图5 阿姆斯特丹孤儿院鸟瞰图

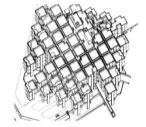

图6 中央管理保险公司大楼

为水平性空间延展的范式，一方面源自其水平延展的板片构成；另一方面在于一套水平流动蔓延的空间模式。弗兰克·劳埃德·赖特（Frank Lloyd Wright）前期的草原住宅系列（图8）以深远的挑檐及对住宅起居流线的关注亦是水平性概念的体现。同样，风土建筑与大地亲近的状态影响了一批现代建筑师，挪威建筑师斯维勒·费恩（Sverre Fehn）提出"地平线"（horizon）的概念诠释一种建筑与环境理念，由此增进关于栖居与自然关系的理解，其设计的挪威海德马克博物馆被描述为"地平线的回归"（the return of horizon）以唤醒对地平线感知的原始经验，强化建筑的栖居意味[9]。

如果说水平性概念的传统范畴指向大地与环境，那么在现代主义运动冲击下，其内涵不断拓展，主要表现为一种复制与重复的概念，凯州文化中心正是在"传统"与"现代"两个维度的意义上探索水平性原型影响下的当代实践尝试（图9～图11）。该项目位于四川省德阳市凯州新城，场地东侧临湖，西侧为山体，建筑面积12000m^2，主要功能为展览、亲子活动、阅读、茶室等。在传统维度上，水平性表现为一种环境认知图式，遵循因地制宜的设计原则，通过地形操作与形式控制使之消隐于场地之中，以构建景构互融的生态"聚落"。以水平性态势实现天地间的对话；在现代维度上，水平性演化为单元组合构成模式与流动空间特征，设计从传统和当代两个层面呈现水平性原型的内涵，以及水平性在具体要素及空间组织中的可操作方法，通过交错叠加、层化渗透、轴线错位等手段，构建层叠化立体合院系统，以及曲折迂回的空间路径，形成以阅读塔、中心庭院双主体并列的整体布局，再现传统水平性图式。

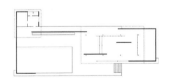

图7 巴塞罗那德国馆平面图

图8 罗比住宅模型

图9 凯州文化中心

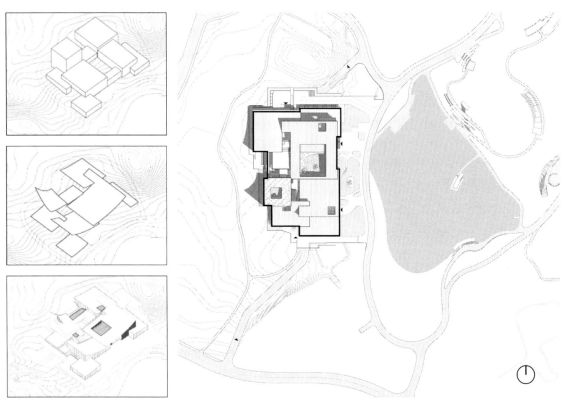

图10 体量生成　　　图11 总平面图

2 图式与文本

2.1 环境图式

中国传统哲学将人与自然纳入统一的体系之中，形成"天人合一"的观念[10]。建筑作为人与自然的交互媒介之一，被视为"阴阳之枢纽，人伦之轨模"[11]，在传统建筑与外部空间设计中形成影响深远的风水观念[12]。相地用以定位"负阴抱阳、背山面水"[13]的场地，选择适宜的环境，并体现对自然的尊重与敬畏，如坡屋顶隐喻承天接地的谦卑，合院、天井表达与环境的共融等。巴蜀传统聚落在山地自然地貌和移民文化[14]的影响下，形成特性鲜明的环境图式。

承继该地区的传统图式，以建筑消隐于山地环境之中为出发点进行设计构思。项目场地东侧为园区人工湖，西侧为堆出的7m台地，其本身形成了一种山水格局。以"背山面水"的原则将主要入口方向设置为东向，并建立南北轴线，划分东西两区，体量呈西高东低，意在将建筑嵌入山地中。同时借鉴传统方式，将体量化整为零，采用单体叠加方式，在山水之间运用错位处理以契合山形水势，并植入形态与尺度各异的庭院与天井，以强化建筑与环境的编织性。

2.2 开放文本

"文本"是罗兰·巴特文学理论的重要概念，区别于"作品"的确定性与封闭性，"文本"被视为"不可还原的复合物和一个永远不能被最终固定到单一的中心、本质或意义上去的无限的能指游戏"[15]。换句话说，"文本"概念保持着开放性，不断在抽象层面被差异化理解所建构和更新。凯州文化中心可以被视作一个由诸多概念相互交织构成的"建筑文本"，不仅仅是功能的不确定性，更在于概念的开放性。设计为满足未来运营及多样性使用，以8.4m×8.4m的柱网生成匀质基底（图12、图13），主体功能团块、服务功能团块及院落单元被植入网格。尽管各体量呈现出分散与独立的状态，但在首层平面被刻画成内外空间连续漫延的状态。各体量交错叠加以模糊空间边界，布局灵活多变，内部空间与合院、天井及自然环境之间运用透明界面与连续开敞的门廊，强化建筑与自然的互动，从而形成人工与自然互相开放的文本。内部单元之间的边界亦被模糊处理，如从茶室空间北望，视线可通达二层阅读空间，其间通过增加斜向踏步、画框等界面层次，促进空间渗透蔓延。

3 空间构思

运用传统环境图式内涵与当代使用需求，由东至西划分出诸多

图12 方案草图

图13 开放大空间

空间层次，强调适应从入口不断深入内院的视觉关联与空间体验。沿中心庭院（虚体）与阅读塔（实体）形成对角关系。以南北通廊满足功能需求，并划分出亲子、展览、阅读等多重区域。

遵循山水环境格局，在单元组合、空间漫游、形态调控、材料处理等层面呈现水平性图式，以轴线移位、错动穿插、对角叠合等方法重塑古今耦合的空间与形式。沿东西与南北两条轴线划分出的四象限并由此展开空间操作，通过虚实置换与对比、空间渗透关系刻画中心庭院、阅读"塔"并展开形式推敲。

3.1　庭院设置

古代合院是中国传统文化、自然环境与社会制度等多重因素共同作用下的具体呈现形式[16]，体现着建筑与天地的延展与交融。将合院原型结合具体场地，通过原型转化建构立体化合院系统。合院或天井以不同的形态、尺度和高度散布在各体量间，一层的中心庭院、二层的水院、西侧依山就势的台院、阅读塔三层的露天小院，共同组成了院落空间的交响曲。其中，中心庭院体现了传统与现代图式的双重表达。一方面，合院的向心性图式使中心庭院成为建筑的中心。以16.8m×16.8m的方形庭院为中心，向内偏移2.1m形成廊空间，在室内与庭园之间增加空间过渡。向外扩展与各功能区域进行交叠，服务于四周空间。透明的界面在弱化空间界限的同时，引导视线向庭院集中，以强化其向心性特征。另一方面，中心庭院与阅读"塔"内院构成主要45°对角关系，该斜向轴线始于主入口，塑造庭院景观布局，最终指向阅读"塔"塔尖。斜向轴线的引入破解正交体系的稳定态势，消解传统轴线序列的对称性与等级体系。中心庭院东侧一层架空，使之向东侧外部湖景开放，从而增加内院—环境的互融，形成了开放的文本系统。传统合院所代表的家族等级制度及伦理规则被开放共享的当代人生活世界所取代，但在形式与逻辑关系上仍保持中心图式（图14）。

3.2　路径构建

以中国古典园林蜿蜒曲折的路径为参照，进行立体叠合操作，将山地漫游体验融入建筑的路径系统设计。从入口至阅读塔顶冥想空间序列中，对角轴线衍生出曲折迂回的立体空间路径，一系列的转折空间强化了知觉体验。尽管主入口与庭院几何中心是对东西轴线的强化，但其与阅读塔之间的对角轴线主导了游观序列。中心庭院与阅读塔之间形成小尺度方形空间过渡区域，形成两块区域的互嵌。路径在此处沿对角线不断上升，将体验者引向塔顶冥想空间。垂直路径进一步穿越三层庭院至四层冥想空间，形成由明至暗的转换，冥想空间不到50㎡，空间逼仄狭小，但从屋顶与界面透过的光

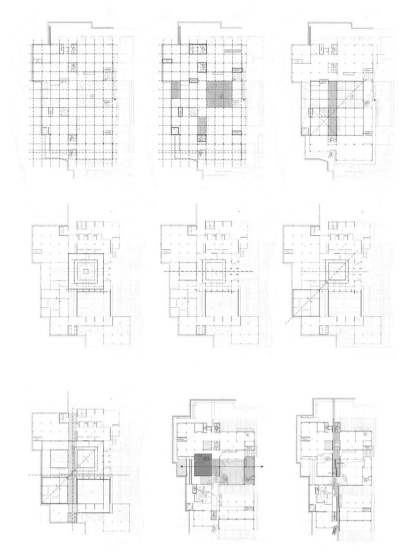

图14 平面图解

线营造出神秘静谧的氛围。

　　贯穿南北的二层动线得到强调。自北侧长桥开始，纵深开敞的透视空间急速收缩在北侧次入口，形成由旷转奥的氛围转变，室外的曲线形踏步、"L"形天窗均使南北路径不断转折变化，南部端头斜向楼梯引发方向感的变化，并伴随身体重力的变化，形成设计的终曲。建筑路径设计借鉴中国古典园林序列处理手法，整体路径系统呈现出旷奥交替、起承开合、张弛变化的特征，并以借景、障景、对景等方式使观者体验不同的场景（图15～图17）。

3.3　"塔"中冥想

　　阅读塔在建筑中占有统领性的地位（图18～图20），在体型与天际线动势塑造中占据最高点，该塔顶层开敞的立体方形院落与中

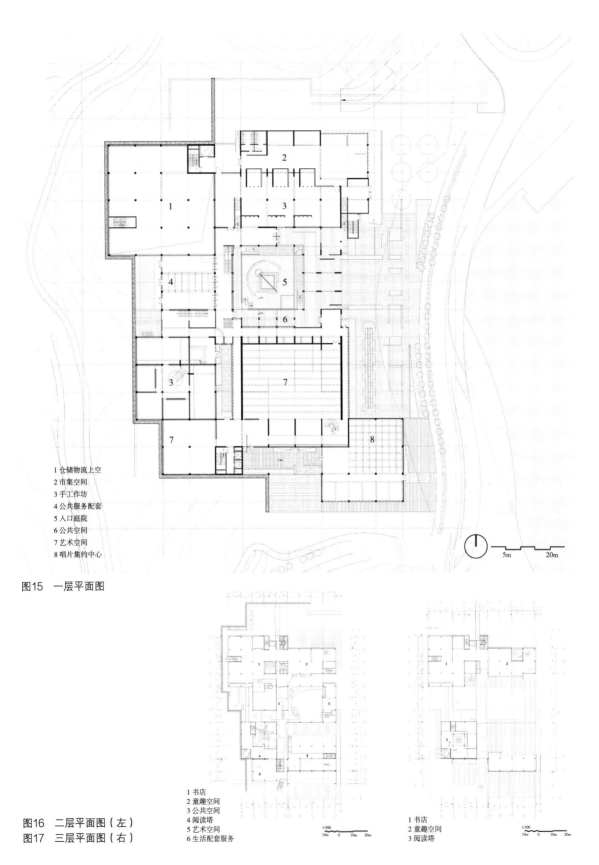

1 仓储物流上空
2 市集空间
3 手工作坊
4 公共服务配套
5 入口庭院
6 公共空间
7 艺术空间
8 唱片集约中心

5m   20m

图15 一层平面图

1 书店
2 童趣空间
3 公共空间
4 阅读塔
5 艺术空间
6 生活配套服务

1:500
10m 0 10m 20m

1 书店
2 童趣空间
3 阅读塔

1:500
10m 0 10m 20m

图16 二层平面图（左）
图17 三层平面图（右）

心庭院成对角关系，共同与湖面进行对话，形成由室外景观向内部园景递进的空间视轴。在平面组织中，主入口由东北角进入二层，该部分空间两层贯通，与进入三层时西南角"L"形建筑体块与东北角屋顶共同围合成露天庭园。

在关于水平性的讨论中，中国传统组群的合院依地而设，庭园被升到空中以在应对当代复杂的功能需求。一方面延续了传统的合院原型；另一方面亦是对"雪铁龙"现代流动空间的一种回应。九宫格、"井"字形构架、空中合院、流动空间、对角线视轴与曲面屋顶，这些古今不同设计方法的耦合与具体操作，试图进行传统图式重构实验。

"阅读塔"是文化中心的灵魂，是空间序列的高潮，不仅与山水环境进行对话，亦从方法上证明了古代原型可以进行当代转译与重构的可能性。重构不同于复制，并非是词汇上的简单应用，而是在句法的继承与优化，更高的境界在于语义上的升华与诗意的呈现。

图18　阅读塔草图

图19　阅读塔透视效果

3.4　屋宇再现

丹麦建筑师约恩·伍重（Jørn Utzon）曾绘制过一副中国庙宇建筑概念草图（图21），他将中国传统的建筑拆分为屋顶、木构架及台基三部分，并刻意略去木构架以表现"沉重砖石砌筑的基座与漂浮其上的轻型屋架之间的二元对立"[17]。传统建筑形态被抽象为底面与顶面共存的状态，凯州文化中心再现了这一意向（图22）。

交错的曲面屋顶成为强烈的视觉要素，以平缓延展的形态，呈现出水平漂浮感，再现"檐牙高啄"的传统意象。微微抬起的台基托起整座建筑，在场地与建筑主体之间勾勒出一条水平线。最后立面整体以白色哑光铝制格栅覆盖，配合透明玻璃幕墙与白色拉毛混凝土挂板、白色涂料，消解了墙身的厚重感，水平延展的屋顶得以强化。从而再现传统形式意蕴。

1F　　2F　　3F　　4F

图20　阅读塔各层平面图

167

图21 伍重的草图

图22 立面三段式

4 结语

水平性在此涵盖了传统图式与当代设计的整体意向。在时空流变的过程中，基本空间经验的范畴得以进展并融合了自然与宇宙的图式。在传统和现代意义交织下的水平性图式，能够折射出中国现代建筑发展演变的一条清晰的线索，即"传统"与"现代"融合交织的讨论，凯州文化中心设计正是该议题的延续与当代回应。作为一项研究型设计，凯州文化中心以水平性图式为出发点，试图通过对传统智慧的重新诠释，以及对现代建筑设计方法的应用，探索出一条新路径，为正处于转型期的当代中国建筑提供了一种新的可能性。

图片来源：

图1：约书亚·雷诺兹（Sir Joshua Reynolds），自画像（Self-portrait），1747-1749年，油彩画布，63.5cm×74.3cm，收藏于英国国家肖像艺廊。

图2：彼得·埃森曼，范凌. 现代主义的角度多米诺住宅和自我指涉符号［J］. 时代建筑，2007（6）：106-111.

图3：弗兰姆普敦. 现代建筑：一部批判的历史［M］. 张钦楠，等，译. 北京：生活·读书·新知三联书店，2004.

图4：柳立亭. 可居住的游戏［D］. 南京：南京艺术学院，2022.

图5：姚冬晖，卢永毅. 先锋派的"乡土本心"——重读阿姆斯特丹孤儿院［J］. 建筑学报，2018（12）：63-70.

图6：林鑫. 赫曼·赫兹伯格的学校设计理念及作品分析［D］. 广州：华南理工大学，2012.

图8：李英伟. 基于分形几何的建筑立面形式分析研究［D］. 广州：华南理工大学，2010.

图21：参考文献［18］

其余图片均为自绘或自摄。

参考文献：

［1］埃文斯. 从绘图到建筑物的翻译及其他文章［M］. 刘东洋，译. 北京：中国建筑工业出版社，2017.

［2］陈嘉映. 感知·理知·自我认知［M］. 北京：北京日报出版社，2022.

［3］段义孚. 空间与地方：经验的视角［M］. 王志标，译. 北京：中国人民大学出版社，2017.

［4］胡炜. 纪念性建筑的感性形态研究［M］. 北京：中国建筑工业出版社，2017.

［5］王骏阳. 理论·历史·批评：王骏阳建筑学论文集（一）［M］. 上海：同济大学出版社，2017.

［6］范路. 过多的水平性表达——论三联海边图书馆的设计意图与形式策略［J］. 世界建筑，2015（9）：96-101，134.

［7］弗兰姆普敦. 现代建筑：一部批判的历史［M］. 张钦楠，等，译. 北京：生活·读书·新知三联书店，2012.

［8］陈洁萍. "小组十"、柯布西耶与毯式建筑［J］. 建筑师，2007（4）：50-60.

［9］胡滨. 框架中的关系关系中的框架——地形与栖居的关联性研究［J］. 建筑学报，2024（1）：81-87.

［10］方克立. "天人合一"与中国古代的生态智慧［J］. 社会科学战线，2003（4）：207-217.

［11］殷永生. 基于古代文献的中国传统建筑观研究［D］. 天津：天津大学，2024.

［12］王其亨. 风水：中国古代建筑的环境观［J］. 美术大观，2015（11）：97-100.

［13］王其亨，等. 风水理论研究［M］. 天津：天津大学出版社，2005.

［14］谭红. 巴蜀移民史［M］. 成都：巴蜀书社，2006.

［15］张祎星. 罗兰·巴特的文本理论［J］. 浙江师范大学学报，2006（1）：25-29.

［16］孔宇航，王安琪. 合院精读、转译与重构［J］. 建筑学报，2023（2）：1-7.

［17］弗兰姆普敦. 建构文化研究：论19纪和20世纪建筑中的建造诗学［M］. 王骏阳，译. 北京：中国建筑工业出版社，2007.

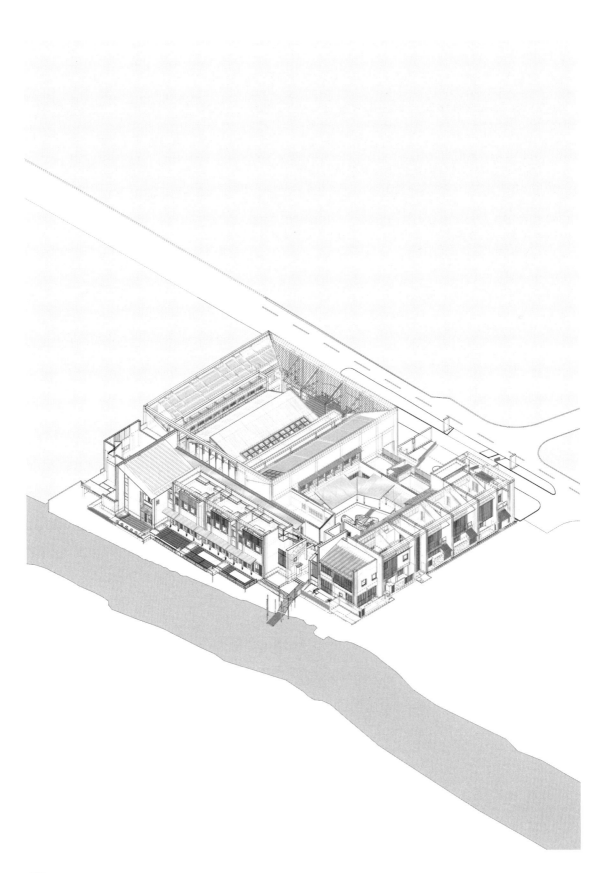

在向心与离散之间

——昆山"拉谷谷文化中心"设计解析

中国传统建筑大多存在着内在性的向心性图式。在营造过程中更加注重中心、轴线、对称等方法，以强调其空间组织与古代社会的同构性。而受现代文明洗礼下的现代建筑，在空间营造中则强调空间的流动性、功能性与开放性。拉谷谷文化中心（以下简称"文化中心"）位于昆山市袁家甸，由水景、农田与村庄编织的江南水乡场景，构成了场地重要外部自然环境（图1）。作为中华农耕文明的延续，如何在此独特的语境中构建传续历史底蕴、体现当代精神的文化建筑类型成为构思中重要的考量。理想人居、家宅记忆与合院原型成为表达江南诗意灵感的来源。与此同时，设计尚需展现当代人类生活世界的多样性与开放性，使得人在建筑中与环境进行积极对话。换言之，设计追求在向心性与离散性之间微妙的平衡。

1 溯源

中国传统哲学中自古以来即存在着强烈"向心性"观念以及"天人合一"的环境观，既塑造着家宅空间，亦潜移默化人们的认知图式与行为方式。作为一种具有"集体记忆"的空间原型，存在于古城、聚落与单元之中。在传统聚落环境构建中，中心点常相应于风水模式中的"穴"的概念，被认为是自然之气与人之气聚集交汇、

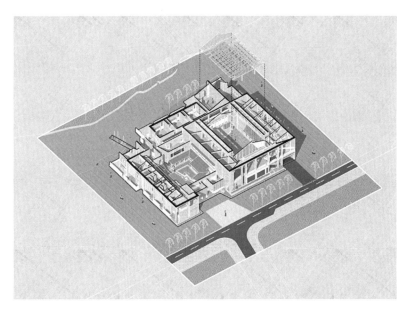

图1 文化中心轴测剖透视

图2 绍兴小皋埠乡胡宅

图4 周庄古镇沈万三故居

天人相交的结合点[1]。距今约6500年的陕西临潼区北部的姜寨遗址属于黄河流域的仰韶文化，其向心性布局十分典型。即中心为一幢氏族公共用房，其四周为小型房舍，反映了人类集聚的初始中心观。《周礼·考工记》记载着以宫城为中心，按照权力结构划分的九宫格理想王城布局[2]，该空间秩序体现了中国营造传统中追求整体与秩序共存的场所结构。在建筑层面，该空间图式不仅在明堂辟雍、寺庙佛塔、陵墓等场所中得到体现，同样在北京四合院、福建土楼传统民居、古典园林和亭台楼阁等世俗建筑中，亦能追溯其踪迹[2]。各种类型的建筑以"阴阳之枢纽"的最佳模式形成普适性的形态同构，呈外部围合重重关拦而内部空间敛聚向心的"藏风聚气"之格局。[3]

2 场地回应策略

2.1 记忆与痕迹

在对传统民居组群考察的过程中，绍兴小皋埠乡胡宅组群（图2、图3）布局方式极具向心图式的代表性，在矩形几何体系中，以南北主轴为纽带的空间组织，其闭合廊道、多重院落、各个角部以及东

图3 绍兴市小皋埠乡胡宅平面图解

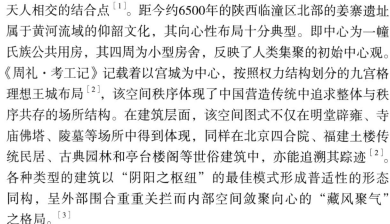

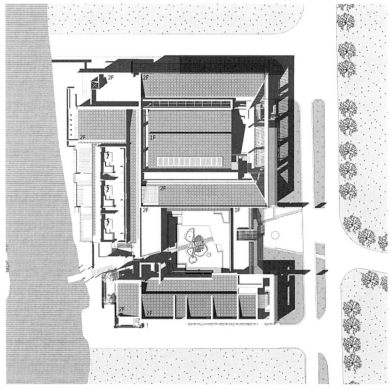

图5 周庄古镇沈万三故居平面图解　图6 拉谷谷文化中心总平面图

西两侧的一系列侧向天井，共同构成了"胡宅"的空间氛围。同理，周庄古镇沈万三故居（图4、图5）亦有类似的平面组织模式，南侧尽端为河道并穿越一条街道形成南北两区，主轴穿越南北。一系列院落和天井串联并分隔了空间主体，层次分明的屋顶形式叙说着江南民居特有的场所精神。

文化中心内含多功能大厅、展示空间、民宿与相应的餐厅、厨房、茶室等使用空间。构思之初选取了中国古代家宅的内在图式作为空间组织的始点，同时将周边水乡环境的有机融入作为设计重点（图6）。轴线、庭院、天井、向心图式等空间组织原则被有效地转译，空间路径的重构，坡屋顶形式的叠落重置，中心庭院的塑造等一系列形式操作，以不同的视角回应江南营建传统。无论是场所构建、氛围营造、空间组织还是形式意向，设计追求与历史的回应以及与环境的共生，并充分影射水乡文化，在构建当代建筑意向的同时，回应地域传统。

图7　锦溪古镇肌理

2.2　环境与意向

文化中心位于淀山湖澄湖之间的湖荡水乡之中，身处南庄、周家浜与顾家浜三个村庄的几何中心位置，三面环水（图7）。从周边

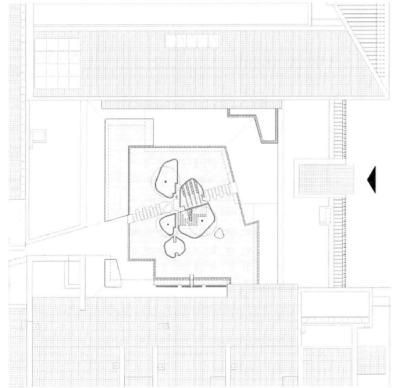

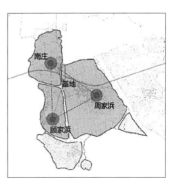

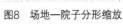

图8　场地—院子分形缩放

173

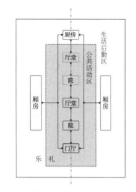

图9 传统民居空间布局

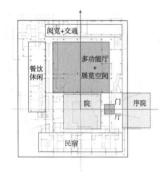

图10 文化中心空间组织

场地"村落—圩田—水系"交织的网络中凝练周边村落场所结构，运用分形几何尺度缩放方法将之微缩并镶嵌至中心庭院中，在丰富场景的同时影射场地意象及村落环境。主庭院的尺度控制与水面的置入在消解传统民居私密性的同时，强化了与水乡的呼应。为丰富该空间的环境寓意，三棵树的设置暗喻着周边的三个村落，以大树为中心组织的空间场景使人联想起古代大树下纳凉、观景和祈福的记忆。水中小岛之间的缝隙是对水系的响应，从微观层面再现场地江南聚落形态。以池、树为中心的向心模式，喻意着古代宗族精神的神圣场所转向邻里交流、向心凝聚力与文化认同感的空间重构。连接东侧道路与西侧河流的斜向路径与视觉通廊在破解平面布局中正交网络的同时追求空间的流动性、中心的引力与切入的张力共同作用使庭院、建筑与周边湖荡田园景色共同谱写人类理想的精神家园（图8）。

中心庭院设计将自然景观与人造环境相融合，再现"杏花、春雨、小桥、流水、人家"[4]的江南意境，通过将水乡聚落结构微缩，使其超越单一功能需求，与环境、人产生深度的对话，从而使人、空间与环境彼此融通。使建筑编织在大自然的深层结构并"锚固"在场所中。

3 门堂相生

源于礼制的"门堂之制"是中国古代建筑构成的一个主要特征，门与堂分化成为两个独立的要素，产生"内""外"之别并由此形成内院。江南传统民居空间布局体现出在建筑礼制影响下形成的具有明显秩序感的空间叙事层级，建筑与天井、院落共同形成空间主轴，对南北轴线的强调，突出体现在沿轴线布置的一系列门阙及其所限定的空间中。中轴线上分别为大门、院落、厅堂等主要空间，两侧厢房相对私密的卧房、连廊和其他辅助空间呈对称分布，间与厢的尊卑、门与堂的主次、院与屋的虚实体现了宗族礼法的位序观念（图9）。

在文化中心中，设计围绕中轴层层递进，公共活动区的中心庭院、多功能厅、展览空间隐喻着传统的主体性序列空间，周边承载着阅读、餐饮、休闲、民宿等服务性空间，东侧门廊隐喻着古代"门堂之制"的传统（图10）。注重空间经纬网络的构建，并通过柱网体系形成矩形网络坐标系，以回应江南传统备弄与廊道空间，重构多功能厅与主庭院路径。以圈层围合呈现的主院和主厅体现了对古代中心庭院与堂屋向心性的延续，构成了建筑中日常与仪式并存的空间关系，由此形成了中心和边缘、公共和私密的合理界定，使之既有传统秩序又巧存于场所之中（图11～图13）。

4 路径与视景

文化中心中的路径以连续完整的方式被感知，以引导人行走中的视景与不同的空间感知。24小时开放的入口始于序院北侧汀步小径，在进入序院后，可沿直跑景观长梯蜿蜒而上，抵达乡野观景台，远眺东侧的稻田景色，透过身后的视窗可看到报告厅内部悬置的钢木屋架，原有大跨厂房的记忆以新的形式再现。"L"形廊道始于平台北侧，向左转进入阅览区室外内街，空间在此被压缩，狭长的通道由垂拔、座椅、檐下三个层次构成，规律有序的纵向柱强化了空间序列。行至尽端南转至西侧廊道空间，可俯瞰四个天井微缩景观，光线透过木栅洒落在纯净的混凝土墙体上，与天空相映生辉。观者既可选择沿外挂楼梯上至屋顶平台观看河景，亦可下行至水边平台休憩或返回至中心庭院。设计强化了多个场景之间不断切换的空间体验：田野景色、工业遗产、乡间小路、居家庭院在游观的过程中随着时间的流淌，形成了共时性与历时性共存的场所意境。

檐廊是当地传统民居中一典型空间要素，设计中将家宅的单层廊道通过三维转译与空间缩放处理形成双层廊空间。廊和楼梯作为外部空间构成要素，与室外平台共同构成建筑内外过渡的立体环游路径（图14）。依据人在路径中所处位置，运用不同尺度的室外平台，通过界面围合、景观与设施的置入，引发停留、汇聚、观景等行为，形成观者交流与停顿的外部空间，从而促进乡村日常生活中的邻里交流，其开放性与公众参与性，丰富了乡村的场所氛围。

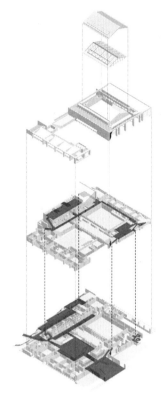

图14 立体环游路径

图11 一层平面图

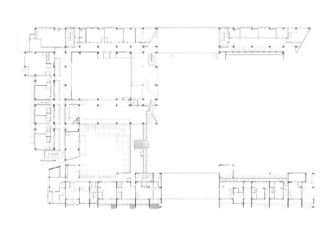

图12 二层平面图　　　　　图13 夹层平面图

图15　绍兴鲁迅祖居

图16　婺源中宪第客厅

5　庭院与天井

合院作为中国式家宅的一种原型，四面由建筑体量或墙体围合而成[5]，提供了内向的外部空间，作为室内与室外、单体与群体空间组织的纽带而成为传统聚落中最为显现的特征。巧妙运用尺度差异组织院落空间，可使在其中的人群体验不同的空间场景与趣味。文化中心沿空间轴线序列设置不同尺度等级的庭院与天井——序院、主庭院、天井、小水院以及4个民宿院落，反映了不同的使用需求。

序院作为空间序列的起点以树阵和片墙限定，形成街道与文化中心之间的序曲。江南水乡不同类型的建筑如民居、宗祠、庙宇、衙署等，门前处通常设置入口广场，在缓冲人流和停驻人群、方便集散的同时，突出建筑的重要性，并在空间和视觉上形成正面视景。序院中的一松一石迎接着来访者，与建筑本身的静谧氛围相得益彰，对即将进入建筑主体内部的人群给予某种心理暗示。

主庭院作为组群序列的核心空间，具有内聚性、向心性与等级性等多重隐喻。圈廊环绕以强化其中心地位。穿过门廊后，由水池、小岛、大树组成的对景叙述着庭院的主体性与公共性。水景与大厅空间呈现出内外渗透的视线关联。北侧主入口界面设计延续了江南传统建筑的对称性布局，并刻意强调其"正面性"。

在江南传统住宅中（图15、图16），两个独立功能之间的"隔"更甚于"连"，以一系列院落和天井分隔主体多功能厅与服务性房间。一条重构的备弄廊空间被置入其中，以实现南北路径的贯通（图17）。会展空间和餐厅、茶室分别沿备弄两侧线性布局，4个天井与路径节点沿廊道有序呈现，在解决气候适应性与使用需求的同时形成了空间韵律，天井内部种植的细竹石笋与捕光粉壁相映成趣并同时构成了微气候调节器（图18）。

多功能厅东侧的小水院和一系列民宿院落，在有限的空间里，运用差异化造景获取迥异的体验情趣。有诗云："舍前有修竹，舍

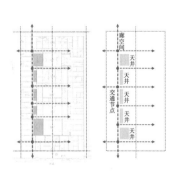

图17　传统备弄廊空间转译

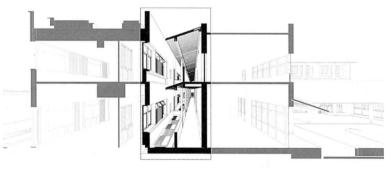

图18　文化中心天井廊道剖面

后有芙蕖。掇莲置豆，清风当座隅。倦来聊掩窗，步出临前除"[6]。
运用当代造园手法，再现古雅朴素生活场景。

6 界面刻画

如果说运用庭院与天井的空间组织是一种设计句法，使之有别
于西方现代建筑的空间操作方法，那么贴近生活的空间氛围营造则
更能彰显当代文化语境下的地域特色（图19）。建筑的边界构思与天
地间所形成的特定关系表达出的对环境的领悟。

屋顶形式源自江南传统。多功能报告厅建在原有厂房的位置，
采用错位坡顶，既反映了水乡常见的屋顶形式，亦是对既有仓库与厂
房基地历史的追忆。错分的屋面，疏通了室内空间气候，冷空气下端
进入，热空气由上层错位窗口排出。通过椽条间的光线漫反射照射整
个木构架，凸显结构美学。在承继传统木构架形式的同时以现代的方
式重塑造屋面。报告厅周圈由三面内倾单坡屋顶组织，试图营造空间
向心性和仪式感，东侧平台上的坡屋顶采用木格栅再现中国传统屋顶
柱、梁、椽、檩结构，不覆瓦而产生通透效果，既界定了室外平台空
间又使之与闭合的单坡屋顶形成了连续的界面（图20）。

东侧临街立面是对水乡古镇的回应，强调入口的片墙与叠水、
虚实相间的木格栅、层叠的墙、上升的梯共同构成一幅具有地域文
化气息的当代画卷。边界的围合特质由其开口所决定，借助具有导
向性的出入口建立起与周边环境之间的视觉联系，形成面向城市的
"框景"。使用镂空的框架塑了虚实相间的天际线，再现工业遗产

图19 水巷，吴冠中

图20 屋顶形式与民居原型

图21 临街东立面

图22 沿河西立面

骨架，以一种几乎空灵的方式塑造出理想的观景空间与平台。白色的构架与木栅栏、青瓦的材料选择与色彩配置，既强化了景深感与透明性，亦形成了理想的室内外过渡空间。空透的平台空间显示出关于"自然"命题的重视，由东侧稻田区域远观文化中心，该立面既以传统意向呼应了自然风光，又以公共空间嵌入了建筑主体从而使人在其上的行为与自然农景产生了巧妙的对话（图21）。

西立面毗邻河岸，在面向河流之时以接近当地民居的尺度进行设计，旨在还原本真的江南意蕴。坡屋顶、木质门窗、扶手栏杆、风雨走廊、临水矮墙多种水乡元素被采纳。屋顶的青灰瓦、白墙、木质门窗、驳岸基座的砖石，凹凸有序，映射了特有的水乡民居形态（图22）。

7 结语

以实践项目去验证传统基因的可传承性，思辨在当代语境下，哪些古代营建方法可以被沿袭，设计能否将源自工业时代的现代设计方法与中华传统智慧进行巧妙地结合，从而构建一个新的模型。在向心与离散之间是求解当代设计范式的一种尝试，在某种意义上，试图在中国古代农耕文明与现代文明之间进行解题。虽然古代社会的家庭构架、等级制度已不复存在，然而基于人类安全诉求的向心图式并未随社会的演进而消失。基于该图式的一系列操作方法与营建技术已持续千年，历代的经典建筑尚有留存，很多乡村古代民居组群尚在使用，是一个活的范本。然而，与古代迥异的当代生活方式与家庭结构、现代建筑对去中心化与流动性的追求，以及新材料与技术的大量应用，使得承继传统具有很多不确定性。文化中心的设计正是以一种有意义的探索，在江南水乡的文脉中，结合其场所结构，以古代的向心型合院原型作为设计构思的底色。换言之，在设计方法上保持传统的组织方式，然后针对不同的环境特征将相关要素进行置换，以消解中国古代建筑相对封闭的特征。运用现代科学方法如分形几何、当代材料与建造技术对传统的界面、空间设置进行置换，使建筑空间与形式适应当代人的心理与行为诉求，并深度地契合江南水乡的自然与人文环境。从而使文化中心在向心性空间图示中亦呈现出空间的流动，并满足其在一年四季的运作中各种人群的行为诉求，从而在传统的语境中激发新的势能。

图片来源：

图4、图5：改绘，底图源自：雍振华. 江苏民居［M］. 北京：中国建筑工业出版社，2009.

图7：百度地图卫星影像

图19：《水巷》，吴冠中，1997年，油彩布本，73cm×60cm，收藏于中国香港艺术馆

其余图片均为自绘或自摄。

参考文献：

［1］韩净方. 传统聚落外部空间的现代演变［D］. 西安：西安建筑科技大学，2006.

［2］汪丽君，贾薇. 中国传统向心性空间图式的溯源与流变［J］. 南方建筑，2022（2）：47-54.

［3］王其亨. 风水：中国古代建筑的环境观［J］. 美术大观，2015（11）：97-100.

［4］雍振华. 江苏民居［M］. 北京：中国建筑工业出版社，2009.

［5］孔宇航，王安琪. 合院精读、转译与重构［J］. 建筑学报，2023（2）：17.

［6］周砥. 读书舍赋君子之所乐.

教学实践篇

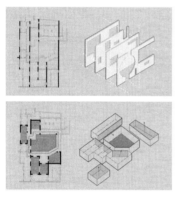

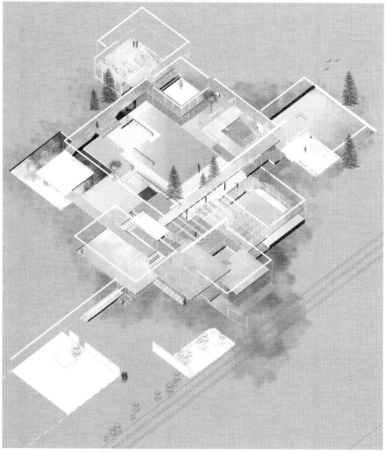

如果说执业建筑师是以建筑实践为基点，创造符合时代需求、传承文化的建筑作品，那么大学教师的根本定位则是教学实践，培养一批批服务于未来时空的精英人才。建筑学科的人才培养目标，应该根植中华文明、放眼全球视野。使其在学习与掌握既有学科知识的同时，亦具有不断创新的潜能。天津大学建筑学院自成立以来的夏季测绘实习巧妙地将设计课与建筑历史知识的学习融汇在课堂中、现场测绘的氛围中。一系列教学举措与实验造就了一批批建筑学专业领军人才。也正是这样持续的培养氛围营造，促成了课题研究十多年的教学与研究方向的形成。

人才培养具有自身的规律，从目标的设定、方案的形成、过程的组织与成果的鉴定，是一个系统的动态化过程。仅仅传授知识的时代已然成为过去，对学生创造力的培养在于激发其学习知识、创造知识、学用结合的潜能。这就要求教学主体具有反思现状、知识更新、打破惯性与批判精神的自觉意识与行为。在兼顾教学规律与持续知识更新的同时进行深度的理论思辨与设计研究，继而将研究成果反哺教学过程。建筑师的建成作品是相对静态的存在，人才培养的产出是观念的养成、能力的呈现与不断推动文化进步的动态过程。本篇选取了近年来在中国高等学校建筑教育年会的主旨演讲、天津大学《当代建筑教育》创刊时以及近期思考等3篇文章。在对中国建筑教育现状反思的同时，亦对建筑设计课的教学进行了展望。并对学生能力培养提出了一系列设想，意在推动中国建筑教育走向国际前沿。

目前，如何建构中国特色建筑教育体系的讨论成为新的学术焦点。文章回溯了西方建筑教育四个典型模式形成的内在根源及其对中国建筑教育体系的影响。继而厘清本土建筑教育问题的症结并进行有效的诊断，指出传统文化观念对建筑教育的重要性，同时对构建新的教学模式提出几点思考，以推动中国建筑教育系统向更高层级演进。

建筑教育的现状与反思

2018年11月在华南理工大学参加中国高等学校建筑教育年会时，笔者作了关于《当代中国建筑教育的追问与反思》的发言。有几个问题在脑海中挥之不去：第一，如果将中国建筑院系教学模式进行还原，会发现最初的教学模式均来自以西方为代表的教育体系，大部分高校的设计教学体系源自布扎（Beaux-Arts）的教学体系、包豪斯（Bauhaus）教学模式，部分高校则沿用了美国德州骑警（Taxes Rangers）教学模式与瑞士苏黎世联邦理工学院教学模式（ETH-Zurich）。尽管这些教学模式在引入中国后在不同层级上得到了修正并形成了中国各校自身的特色，但其根本属性、核心知识与框架并未改变，且一直以来对中国传统文化缺少必要的融合与回应。进而引发笔者关于第二个问题的思考：同属于东方文化的日本与中国均经历过"西学东渐"的过程，为什么日本现代与当代建筑具有如此强烈的东方文化印记并在建筑教育方面取得了突出成就，其教育体系与中国教育体系相比差异何在。第三，如果说20世纪初至70年代末，中国教育经历了战争的制约与政治意识形态的某种导向，那么在近40年来学术自由的氛围中以及广泛的国际学术交流中，为什么建筑学术界与教育界未能构建当代中国建筑独特的教育体系。如何把握问题的症结并进行有效的诊断，寻求解决问题的方法，以构建新的教育或教学模式以推动中国建筑文化与教育系统向更高层级演进。

1 对四个西方教学模式的思考

中国建筑营造史已传承四千多年，在世界建筑体系中占据重要的位置，是东方建筑体系的代表。然而与之形成巨大反差的是中国建筑教育只有近100年的历史，而且嫁接了西方建筑教育模式。该境况不得不让我们思考形成目前建筑教育体系的缘由。对此首先需要对西方建筑教学模式进行回溯，布扎教育体系的核心是对欧洲古典建筑的继承和发扬；包豪斯建筑教育是革命性的，强调的是集体协作的工作方式，兼具科学性与逻辑性的设计观念，强调科学与艺术的结合、设计的规范化和标准化。而对于美国，又是什么样的背景促成"德州骑警"教育实验性改革的发生？是具体的人物如柯林·罗（Colin Rowe）、于连·加代（Julien Guadet）、格罗皮乌斯（Walter Gropius）等人崇高的历史责任感、批判的精神，还是催生这些人物的教学理念形成的强大文化与历史背景。事实上，布扎教学体系在从欧洲引入美国的过程中被不断地更新，以适应美国本土建筑教育的需求。从该意义上讲，加代属于该体系的改良者，格罗皮乌斯以及他所引领的包豪斯教育团队则实施了伟大的改革，推动了西方建筑教育的变革。而在20世纪50年代，柯林·罗、约翰·海杜克（John Hejduk）等人组成的"德州骑警"正是基于对包豪斯教育体系的质疑与批判，试图构建基于现代建筑核心的新的教学体系。尽管他们在德州的教学团队解体，但其核心成员在美国东海岸与苏黎世联邦理工学院持续进行教学研究，推进了美国、瑞士当代建筑的发展并在国际建筑教育界产生了广泛影响。而在日本，东京工业大学坂本一成（Kazunari Sakamoto）是"东工大学派"的一员，对传统建筑文化的重视，使其作品与理论具有深厚的文化内涵，并且坂本一成培养了一大批优秀的当代日本建筑学者与建筑师，其理论得到了传承与发展。

从布扎教学体系的兴起，包豪斯教学模式的改革，到"德州骑警"基于某种批判意识进行的体系重构，世界建筑教育在一步步向前发展。苏黎世教学模式的出现固然与近期的数字建造有着某种关联，但是其强调建造与材料的理念早已得到了全世界广泛的认可。无论是体系的更新，还是学术传承的批判精神，都导致了新的教学范式与模型的出现。从瓦尔堡关注古典传统对艺术家创作的影响，至维特科尔（Rudolf Wittkower）的著述《人文主义时代的建筑原理》

（*Architecture in the Age of Humanism*），至约翰·海杜克、柯林·罗、彼得·埃森曼（Peter Eisenman）等代表人物，他们不仅将欧洲的悠久建筑传统与现代建筑进行了深度的关联性研究与解读，还通过具体的图解与结构分析进行类比研究，这都深刻地影响了现代建筑教育体系的构建。

2 历程与现状

近一个世纪以来，中国近现代建筑学教育体系始终不能脱离上述4种教育模式的影响。从民国时期以来，东北大学、中央大学等学校一直以布扎体系为主线进行建筑学教育。如果说具有悠久历史的"老八校"是移植欧美建筑教育体系的先行者，那么自20世纪80年代至今成立的建筑院校的教学框架总体而言可以称之为"老八校"教育体系的延续与拓展，其中或许有一些实验性的教学探索，但尚不能形成具有中国建筑学特色的当代教育体系。

自20世纪20年代至今，中国建筑教育体系的形成是布扎体系在中国落地生根的结果。20世纪50~80年代是中国建筑教育蓬勃发展的时期，伴随着全国院系大调整、建筑"老八校"的诞生以及苏联建筑教育模式的深刻影响，中国建筑教育完成了自身模式的建立，尤其在学习苏联模式（即布扎体系）的过程中让中国建筑教育模式达到高度的统一。自20世纪80年代初至今，近40年间，建筑教育规模进入了一个快速扩张期，由原初的八校迅速扩张至目前的三百多所建筑院校，建筑教学体系呈多元化发展势态。然而进行追根溯源时，布扎教育体系的影子仍然广泛地存在于中国建筑教育体系中。如果说在此期间存在"另类"的教学，应该是同济大学与华南理工学院（现华南理工大学）在20世纪60年代引入西方现代建筑教育体系——包豪斯教学模式进行教学实践，同济大学冯纪忠先生在改革中提出的空间为纲的现代教学理念；之后20世纪80年代同济大学又引进了三大构成（平面构成、立体构成、色彩构成）教学课程；在20世纪90年代，随着一批青年教师从苏黎世联邦理工学院学成归来，东南大学试图改良传统布扎体系，形成了新的教学模式。

总之，西方建筑教育模式对中国建筑教育发展的影响主要在于两个方面：首先是改变了中国传统建筑知识传承的方式，建筑教育嫁接了西方一整套成熟的教育体系；其次是从某种程度上促成了中国建筑教育模式高度统一的现状。

3 批判与反思

在不断地追问与反思的过程中，一个显而易见的问题浮出水面：为什么在中国近现代建筑教育近一百年的过程中，整个建筑教育体系在不断地西化，传统建筑文化趋向式微。纵观中国建筑教育体系，其对待传统建筑文化的态度值得我们反思。在建筑教育体系中，教学未能使建筑设计与传统建筑文化相融合，建筑历史教学与建筑设计教学处于平行状态，建筑历史仅仅作为一门知识进行传授。造成这一局面的缘由很多，笔者认为主要是因为现代文明导致中国传统文化的非适应性，使得中国传统建筑理论的传承与转译成为一个难题；加上近现代以来中国传统文化自豪感的缺失，使得中国建筑教育存在诸多隐患。

3.1 建筑设计教学的无根性

西方建筑教育体系的引入不仅改变了中国建筑知识的传承方式，而且也影响了教育者对传统建筑文化观念的认知。长期以来，中国建筑教育关于建筑教育主体性的认知似乎处于某种无根性、碎片化的状态。关于传统建筑文化的认知，亦是含混不清的。中国建筑教育体系一直未将中国传统建筑文化列为核心内容。回溯中国近现代建筑教育近一百年的演变历程，整个教育体系受布扎教育体系影响巨大。而20世纪中国社会与经济在国际化背景下的飞速发展，全球化的浪潮对文化传承的影响无疑是致命的，以至于出现文化危机的现象。王骏阳在关于《理想别墅的数学及其他论文》中文版导读中介绍了以柯林·罗为中心的研究谱系，诸多的论述或许能部分地解释中国当代建筑教育系统无根性的原因。

3.2 理论研究的转译难题

在中国，王澍、陆文宇的教学实验、东南大学设立的新教学模式是对中国传统工匠精神与传统文化进行当代转译的尝试，可惜的是，这些实验性教学方式并未引起国内建筑院校的广泛重视。如果一个国家的建筑教育模式从系统上是从他国引来的，无论该模式有多么的先进，在文化意义上也是无法真正生根的。建筑学科的终极目标是解决人如何诗意地栖居，并获得其在地性的探索。除应具有满足人生存所需求的基本物理空间属性外，还在于寻求其文化属性。事实上，关于"继承"与"创新"问题的探讨一直在持续地进行。依据朱涛的归纳，历史上曾多次发起关于传统与现代的讨论（如20世纪80年代关于"现代主义"与"民族形式"的讨论），然而这样的讨论最终并未真正地推动建筑教育系统性理论与方法的发展，也未能构建出学者公认的"中国特色"教学模式。

3.3 教育体系自主性缺失

中国现代教育体系未能自成一统，受到了外部的、战争的、社会的、政治的诸多因素的影响。而我认为建筑师或学者群体缺少足够的文化自信以及缺少深挖传统文化内涵的精神是重要的原因。另外，中国文化传统中对建筑实用性需求的价值观的延续亦是关键影响因素。

在追问为什么中国未能建立起自己的建筑教育模式并非否定中国曾经引入的布扎体系、包豪斯模式。事实上这些体系本身的成熟性带有普遍的学术模范与可操作性，否则也不可能从欧洲移植至美国与中国建筑教育界，并产生如此广泛的影响。我们需要追问和反思的是什么样的土壤促成了布扎体系的形成，什么样的环境造就了包豪斯的诞生，又是什么样的背景推动了"德州骑警"实验性教学的改革？是具体的建筑教育改革者，还是支撑着这些人物背后强大的文化与历史背景。

"引用""模仿""跟风""借景"是易学与易做的，然而构建一个新的知识体系、新的模式则需要一个具有学术共识的群体，以及一代人甚至几代人的辛勤耕耘。这一群体不仅需要具备广阔的国际视野，更重要的是具备对传统建筑文化的敏感度，具备对当代建筑文化与传统建筑文化系统全面认知的能力。

对现状的反思与质疑极其重要，是推动教育向前迈进的动因。无论是加代，还是柯林·罗、格罗皮乌斯以及伯纳德·霍斯利（Bernhard Hoesli），他们均有共同的特点：对传统建筑文化的深度研究，师承和代代相传以及批判性地看待教育体系并不断革新。同样，日本的筱原一男（Kazuo Shinohara）、坂本一成、奥山信一（Shinichi Okuyama）亦如此。

4　结语

如果没有到天津大学工作，就不会有如此的思考与辨析，天津大学建筑学院历史所是中国建筑院校中很少几个一直持续关注中国传统建筑文化研究的阵地之一。以王其亨先生为主导的学术研究使得天津大学保持着深厚的传统建筑文化底蕴，并且可能会构建新的教育模式从而推进当代中国建筑教育向更深层级演进。目前越来越多的高等院校在建筑设计教育中结合传统营建文化，其作为教育改革中重要的方法和手段，作为建筑创造力培养中的一环，根本意义在于建筑教育有根可寻，且能自成体系。

一方面我们应该充分考虑当代生活与价值标准，建立基于传统文化的当代教育模式。另一方面仍需要学习西方学者的批判性精神，以及充满深度与智慧的传统挖掘与整理方法，从艺术传承、空间设计与建构方式等方面去营建符合自身需求的教育知识体系。建筑教育的目标是培养建筑设计人才，只有从传统文化土壤中生长出来的本土教育体系，才能对世界作出贡献。建立适合于我国的建筑学科体系与教育模式才是中国建筑教育界的希望所在。作为具有文化属性的建筑必然与传统文化建立起有机而深度的联系与互动，最终才能建立起对人类发展具有重要意义的教育模式。

参考文献：

[1] 郭屹民，刘大禹，吴雪琪，等. 对坂本一成的访谈：基于建筑认知的建筑学教育 [J]. 建筑学报，2015（10）：12-17.

[2] 顾大庆. 中国的"鲍扎"建筑教育之历史沿革——移植、本土化和抵抗 [J]. 建筑师，2007（2）：97-107.

[3] 王骏阳. 理论·历史·批评（一）：王骏阳建筑学论文集 [M]. 上海：同济大学出版社，2018.

[4] 王澍. 教学琐记 [J]. 建筑学报，2017（12）：1-10.

[5] 朱涛. 传统与现代，传统与我们 [J]. 世界建筑导报，2011，26（6）：102-103.

[6] 奥山信一，平辉. 日本东工大建筑学设计教育体系 [J]. 建筑学报，2015（10）：6-11.

[7] 王其亨. 探骊折札——中国建筑传统及理论研究杂感 [J]. 美术大观，2015（6）：91-93.

"对起源的回归总是意味着对你习惯做的事情进行再思索，是尝试对你的日常行为的合理性进行再证明……在当前对我们为什么建造以及为谁建造的重新思考中，我认为原始棚将保持其正当性，继续提醒我们所有为人而建的建造物，也就是建筑，其原初因而是本质的意义。"

——约瑟夫·里克沃特《亚当之家：建筑史中关于原始棚屋的思考》

建筑设计课程教学探索

中国社会科学院哲学研究所赵汀阳在《我们为何走不出西方框架》中指出："现代以来，中国已经失去以自身逻辑讲述自身故事这样的一种方法论，或者说一种知识生产上的立法能力。在现代以前，中国是一个独立发展的历史，但现代以来中国的历史已经萎缩、蜕化为西方征服世界史的一个附属或是分支，即现代的中国其实是西方史的一部分，我们失去了自我叙述的能力。"[1]近现代中国建筑教育或许正是该境况的真实反映，近百年来建筑教育主体一直不断地移植、引进西方模式，并试图使之落地生根，然而收效甚微。整体而言，建筑学知识体系的核心内涵并未脱离西方模式。

中国近现代建筑教育一直以来对传统文化缺少系统的融合与回应，设计课教学亦未能与传统营建体系有机融通。在现有教学体系中，建筑历史课程与建筑设计课教学处于平行状态，历史以知识传授方式进行，并未真正地与设计课系统融汇。然而，无论是欧美，还是日本的近现代教学体系中，设计课教学均与其本国的建筑历史、文化基因一脉相承，既反映其现代性，亦能阅读出其内在的文化内涵，具体反映在系统的历史知识课程结构中、设计课教学内容中以及教师在课堂上的言传身教中。路易斯·康在其教育生涯中一直强调运用古典的方式表达现代之精神；柯林·罗在对柯布西耶作品的分析中寻求基于帕拉第奥的内在形式结构逻辑，其教学模型在美国乃至国际建筑教育界具有深远的影响力；埃森曼在设计课中强调概念设计应源自基地考古，从而使设计生成呈现出与特殊场所的历史性对话。反观当代中国的设计课教学和建筑历史与理论研究，教学主体很少讨论二者之间的关系以及教学目标导向。在教学过程中，大部分教师均按照源自西方教育的布扎体系与包豪斯模式的某种复合方式，去培养学生的认知和设计能力，而忽略了指向中国传统文化的意义建构。本文试图从建筑学专业的核心课程——建筑设计课的教学目标、理念、具体内容与方法展开讨论，并求解在当代中国语境下的设计课教学模式。试图探索基于中华文化与历史语境下的设计课教学模式、方法与手段，构建具有中国话语体系的设计课与历史课相关联的教学方法。以批判的视野深刻地审视与诊断现存教学运行机制和思维方式，聚焦教学观念与方法，以当代的视野和系统的思维对课程教学体系进行重构（图1）。

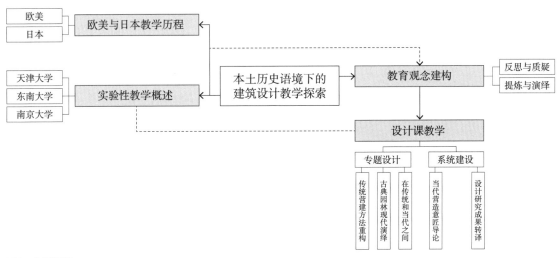

图1　分析框架

1　欧美与日本教学历程

在西方建筑院校设计课程教学发展演变过程中，其古典建筑文化基因从未被抛弃。欧洲德语体系的教学方式一直保持着注重建造和工学内容的传统，设计课教学强调建筑被建造和物质化的环节[2]，如苏黎世联邦理工学院（ETH）建筑系继承了瑞士既重视手工艺又强调工业化的建造传统，其建造及构造课教学与建筑设计训练相互关联、渗透[3]；法国巴黎美术学院建筑教育体系（布扎体系）则强调建筑与古典艺术相结合，设计课教学与先例和历史的模仿密切相关，希望学生精通建筑历史，尤其是希腊、罗马和文艺复兴的文化与建筑，并模仿其形式语言[4]；美国20世纪50年代的"德州骑警"在对现代建筑先例的探究过程中，不断寻求现代建筑经典作品与西方古典建筑传承之关联性，使其在学术上更加规范化并形成建筑学教程与可操作教学方法。在研读康健、刘松茯主编的关于谢菲尔德的《建筑教育》一书中，可以看到其设计课教学概况。该校在第二学年让学生参观欧洲城市如柏林、巴黎、鹿特丹等，研究和分析当代和古代的欧洲建筑，并使之作为以后项目设计的范例[5]。在设计过程中，加强学生鉴赏建筑及其文化内涵的能力。而历史课的教学始终把建筑放在特殊的社会和文化背景下理解，鼓励学生在学习和欣赏建筑的同时，能超越视觉与风格的范畴，去寻找隐匿在背后的形成机制与原因。教学讨论以对传统的鉴赏、代表性建筑的重要性为起始而展开。

在日本，设计课教学中的关于传统基因的议题则更为悠久。其建筑教育初始之时，课程设置上便形成结构、历史、设计三足鼎立的格局，伊东忠太更开拓了作为建筑哲学、建筑思想的建筑史研究和教育，最先倡导传承东方文化传统，在建筑学课程中加入古典建筑美学并推行学院式教育体系[6]；东京工业大学建筑设计课程将历史知识纳入设计教学环节中，历史研究方向的教师参与设计课教学环节，充分说明了日本建筑教育界对建筑历史知识参与设计的重要性[7]（图2）。柳肃在其文《历史与现实的交错——关于建筑历史学科教学的几点思考》中有一段关于"建筑意匠"的溯源[8]，其最早出现在东京帝国大学的建筑学科课表中。他解释道，"意匠"应理解为贯通建筑历史后融会得出的关于文化和美的设计理念和手法，属于史论和以史论为基础升华的内容，从并联建筑历史和建筑设计课程的角度，意匠训练是介于掌握历史式样与设计创作之间的中间环

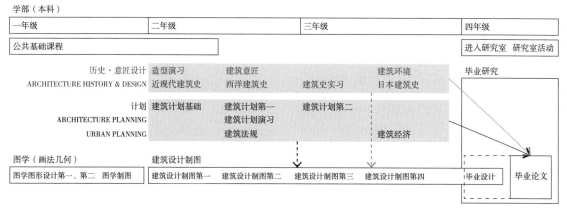

图2　东京工业大学建筑学科设计课教学框架

节。由此可见，在日本的设计教学历史中，建筑意匠是沟通建筑历史与设计课教学之间的桥梁。

2 实验性教学概述

凡是具有批判意识的探索者们一定会意识到目前中国的现状：学科的成熟使得知识的专门化程度日渐加深，从而逐渐使得其内部壁垒成为发展的障碍，突破学科边界成为社会科学方法论的内在需求[9]。设计知识与建筑历史知识的不断细分，使学生的学科视野日益受限，导致学科内知识结构呈碎片化倾向，从而难以应对复杂的建筑问题。在中国，一些院校的学者们试图消解学科内部建筑设计及其理论与建筑历史与理论两个方向之间的分野，促进学生主体在设计构思过程中具有明确的目标导向并学会将知识融会贯通的能力。在具体教学过程中通过设计意图、形式建构引导学生关注建筑的在地性与场所精神；重新审视建筑内在的要素属性、空间结构、文化语义及其建构策略[10]，促使学生在构思、深化过程中唤起历史记忆，将地域性的客观要素融入形式生成过程中，培养学生的判断力，感知与体验生活的意义与价值，建构空间图景。在建筑教育界，一系列改革与试验为未来教学的系统性建构提供了有效的素材。

天津大学古建筑测绘课程是本科生设计与传统认知教学的综合性实习环节，具有悠久的历史。在卢绳、徐中、冯建逵等诸位前辈的参与下，古建筑测绘一直是重要的专业教学活动（图3）。该课程采取专题讲座、模型演示、资料收集与整理、现场讲解与测绘以及后续数据采集与整理[11]，前后持续一个月左右的时间，通常是本科二年级学生参与。一系列教学举措，尤其是学生在古建筑现场的亲

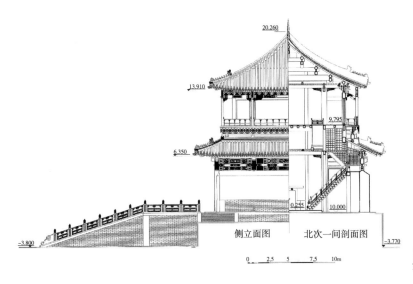

侧立面图　北次一间剖面图

图3　天津大学建筑学院体仁阁测绘图

身体验与感知，有效地增强了学生对古建筑及其周边环境的兴趣与文物保护的意识，不仅使学生在专业认知层面烙下了重要的印记，而且使其对中国传统营建文化的博大精深有了深切的了解。通过讲授、实测、体验、数据整理与绘制，该课程巧妙地将设计课与历史课进行了融会与互动，从而使学生在设计过程中，在观念建构与形式操作中种下了传统文化的因子，以至于毕业数年后的崔愷出版的《本土建筑》、李兴钢以《胜景几何》命名的作品集，均反映了该课程对青年学生所产生的深刻影响，使中国传统建筑设计思想与方法得到广泛的传播。该实习环节在天津大学一直持续进行着，近年来更有持续强劲的发展趋势。

东南大学建筑学院自20世纪80年代以来通过与瑞士苏黎世联邦理工学院的交流学习，开始成体系地引入相关教学方法，较早在国内进行现代建筑空间设计教学改革，在引进的同时亦尝试与传统建筑类型进行交互与融通。自20世纪90年代以来，在本科二年级的建筑设计入门课程中，明确了以空间为主线的教学设置和组织，并与功能、场地、材料、结构等线索相结合[12]，并在其后的发展过程中由现代主义的"九宫格"和"方盒子"转向具有中国传统建筑文化特征的"院宅"设计。作为一种空间类型，院宅包含了内与外、上与下、虚与实、中心与边界、深度与宽度等基本空间关系，可以回应现代建筑的"九宫格"和"方盒子"问题[13]；作为一种生活模式，院宅既指向一种纳入自然的居住方式，可作为一种应对自然和城市之道[14]。陈薇在教学中设置了"历史作为一种思维模式"的意向设计研究，与中国建筑史教学相结合，运用中国传统文化智慧培养学生创造性思维。在教学过程中以传统建筑语言、传统民居创意表达、传统园林构成要素进行命题，强化了传统文化范型和建筑类属之间的关系[15]。在设计课教学实验中，较早地建立了设计教学主题与中华建筑传统之间的纽带，为20世纪90年代盛行的向西方学习的思潮中注入了一股清风。

南京大学赵辰在探讨中国建筑历史教学体系时指出，中国建筑史课程的教学内容与模式两方面均缺乏与设计的互动，他从当代建筑学的理论框架中将中国传统建筑文化表述为三个领域："建构""人居"与"城镇"，并在设计课中对应三个关键词，分别以"中国房子""中国院子""中国园子"进行空间与图形操作，试图搭建建筑历史与设计教学的交叉框架，将历史知识融于建筑设计教学过程中，逐步构建中国文化价值的建筑学术话语体系[16]；胡恒在一门历史理论课中，在历史研究与设计教学之间设计转换要素，试图探讨文学、历史、建筑三者的关系，并经过四年的教学实践，获得一系列教学心得。他选择清初作家李渔的小说《十二楼》，以"楼"为主题词进行设计课教学实验。在历史知识考证与现代空间设计之间，通过考据、还原、转化设计等方法进行文本、技术分析，建立设计概念并进行空间转化，挖掘形式潜力并生成模型。以古代文学作品作为历史与设计之间的媒介，并选择故事时间背景：从宋到明末，是一个有创意的教学构思。中国特定时间的建筑历史并非孤立存在，一定与所处时空下的文学、绘画、园林等是有密切的关联。以《十二楼》作为教学基础文本，将文学与建筑之间的关系嵌入历史语境中，并从现代的视角进行故事分析、形式分析与自我分析，由此生成设计（图4）。在教案的构思中，从理论的视角讨论古代中国文学与建筑关于概念上的交集，并从历史、空间与叙事三个层面开拓学生思路，具体表现为在方法层面运用现代空间语言、空间操作与形式生成方法，重构新的"故事"与作品[16]。在中国建筑历史与现代设计教学之间，并未采用直接转译的方式进行教学实验，而是以古代文学作品为媒介，或者说以意译的方式叙述当代设计教学的可能性，使学生在设计课程中不断加深对中国传统建筑文化的印象，为中国现代设计语境中传承历史开启了一扇大门。

3 教育观念建构

大学教育的创新理念与行动源自对现状的质疑，教学主体思维观的差异决定其教学行为的目标和方向。对建筑教学进行历史溯源、现状分析以及未来探讨，其首要任务是目标导向的思维观建构。在梳理欧美、日本设计课程教学的发展文脉以及中国近年来的一系列基于传统文化的实验性设计教学探索的过程中，至少可以从两个方面进行推论。一方面，基于历史传承的设计教学研究与探索是建筑教育内在的生成规律；另一方面，尝试从悠久的中华历史传统中寻求与挖掘其传承基因并在当代教学中进行转译与重构，已经成为中国部分高校教学主体的共识，反映其对现状的批判精神，以及深度的自我意识觉醒。建筑作为人类生存的载体离不开经久不衰、生生不息的人类思想与行为的代际传承，因此在经历过西方古典与现代建筑教学体系移植与落地教学实践后，重新寻找那个在现代以前曾经独立发展的历史与内在的逻辑，并使其与当代的生活方式高度地融汇于历史的"回归"，是构建学术话语权与城乡文化复兴的重要方向。

思维观建构主要基于三个层面，对现状的反思与批判；对建立在现代主义范畴中合理性与普适性的认可与肯定；对基于本土建筑历史与文化信息的提炼与演绎。首先必须明理中国建筑学核心知识的根属性，同时对基于现代科学与技术而生成的现代建筑知识与教学范式的批判性吸收。在认知层面必须坚信中国传统营建知识体系继承与发扬的合法性以及不可替代性，是中国建筑文化复兴不可或

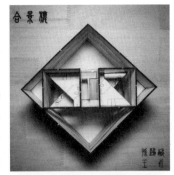

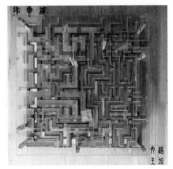

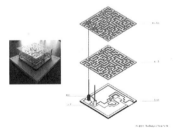

图4　南京大学"十二楼"课题设计作业

缺的元建筑语言。进而亦必须认同源自西方知识体系的现状观念、方法与技术对当代语境下的人类生活方式的重要促进作用，只有这样方能构建出适合于中国本土设计教学的新的"教学模型或范式"。

舒尔茨（Christian Norberg Schulz）在关于场所的讨论中指出，"场所是行为与事件的发生地，若不考虑地方性而幻想的任何事件是无意义的；而对场所的需求以符合不同的文化传统与环境条件，每一种情境均需有地方性与普遍性。场所是生活发生的空间且具有清晰的特性，而建筑意味着场所精神的再现[17]。"建筑离不开其所在地关于文化传统与环境的讨论。在构建新的建筑设计教学模式时观念建构是首要任务，在设计教学认知范畴中，当历史、文化传统、时间性、在地性被抽离时，课程结构则呈现出无根性状态，并导致学生在构思过程中只知"器"构之法，而不知建筑之"道"。当设计课与历史课教学主体充分认识到建筑是人类生活空间、场所精神的物化再现时，建筑的在地性、基因的传承性、时空的连续性应以某种诗性的方式呈现于世。历史知识并非是固化的、静态的知识形态，而是不断演进、生生不息的知识流，与现代知识共融的知识系统，任何与传统文化断裂的教学方式经不起时间的检验。中国古代的哲学、文学、绘画、园林与建筑蕴含着无尽的智慧，是需要不断挖掘与凝练、转译与重构的智识宝库，润涵着深刻的建筑思想与人文精神，是形式创新的源泉。

现代中国建筑设计课教学模式，正在以两种方式交替进行着，首先是传统师徒、一对一改图方式，注重建筑的艺术性，强调古典构图法则等，整体指向西方古典建筑设计观；其次是基于现代建筑理性原则的设计方法强调技术理性，以及对空间、功能、结构、场地、环境等实用性基本要素的讨论。在基本问题上，关注场地环境、功能需求、身体感知、材料结构与建造方式；在方法上运用图解分析、文本分析、功能泡泡图、现象透明性等。无论哪一种模式，就其根本而言，设计教学模式和方法，其属性指向西方现代建筑思维观。今天所探讨的问题是如何使当代设计教学观念指向中国本土语境，在观念建构与教学层面构建一套融汇中国传统营建智慧与现代建筑的具有普适性的教学方法，或者说将经典学院派构图原理的文化因子进行替换，将构图原则所指向的西方经典要素与组合关系替代为中国传统营建要素与关系，重塑当代中国建筑观，使形式内涵与教学原型源自本土，即那个曾经自主与辉煌的中国古代历史与文化。

对于设计意图的指向，中国的学者曾进行一系列有意义的尝试与阐述。2016年的"清润奖"竞赛，东南大学韩冬青将题目设定为"历史作为一种设计资源"，以期学生在设计研究论文写作中将历史从记忆的存储转化为设计的源泉，从观念、意境、空间、形式与建造等层面探讨未来建筑设计[18]。关于中国古代建筑的研究，无论是王其亨在"样式雷"研究中对中国古代建筑设计方法的凝练，还是丁沃沃关于中国古代建筑"器"之说，均为当代设计课程体系构建奠定了基于中国传统文化认知的基础。而中国美术学院的一系列教学实验则从微观教学的视角阐述观念建构的具体思路与方法，如王澍将书法、园宅与水墨画等传统方法引介到现有设计课教学中，试图"重建一种中国当代本土建筑学"[19]。在"空间渲染"课程中选择中国园林中的假山石，或廊和亭为描绘对象，使学生接触原发性的中国本土营造方式，培养对本土建筑空间观的基本意识和辨别能力；在"园宅与院宅"设计教学中，通过"园"与"院"两种传统居住建筑类型，将传统造园的山水意境与院落诗意栖居融入当代的建筑构思中[20]。而"如画观法"课题则是对传统中国山水画中空间营造的结构意识和观想方法进行探讨，并借此视角展开绘画语言向当代建筑设计转化的途径，展望"师法自然"的设计观念，借此建构属于中国本土建筑学的教学思路[21]。在当代语境下，深入挖掘曾经被教育界主体遗忘的中国传统营建理念、方法与技术，将教学线索指向中国传统原型与古代范式，并使之融合于当代建筑的核心知识体系中，为中国未来建筑学人才培养植入内在性的文化因子，将成为教育界的重要议题。庆幸的是，凝练传统营建智慧与方法、重构当代中国建筑话语体系正在成为中国建筑教育界的一种普遍共识。

4 设计课教学

近十年来，天津大学建筑实验班、三年级设计课教学、四年级历史遗产保护专题设计研究均尝试一系列课程教学改革，试图将教学目标指向中国传统营建方法的当代重构。王迪在建筑实验班的关于"山水精舍"教案中，以佛教建筑专题作为训练学生本土文化设计思维的有效载体（图5）。课程涵盖文化继承与设计传承两部分内容。首先，传授古代寺庙建筑所体现的文化观，并在教学过程中引导学生如何领悟传统空间环境与意境，通过对佛教建筑遗存信息进行阅读与实地体验，使学生学习与借鉴传统设计思维与方法。然后在"需求—图解—空间"三位一体的理性指导中，从系统认知、叙事空间、形式生成、意境构想对学生进行设计能力的培养。该教学团队对天津大学传统的"鲍扎"体系设计课教学思路进行批判，以"文人设计、匠人营造"为教学构想，试图重构文人教育主导下的东方文化思维对形式构建的主导权，学习传统设计方法、设计逻辑以及对待环境的思考方式，并进行当代诠释。

在三年级教学中，赵建波、刘彤彤等以"古典园林之现代演绎"为主题展开关于健康办公的设计教学研究（图6）。其选题意义

（a）作品名称：《止于不止》

（b）作品名称：《妙法莲华》

图5 天津大学"山水精舍"课题设计作业

左上
作品名称：《城市中的光庭院》
作者：石明宇
指导教师：赵建波

右上
作品名称：《时空流转——老砖墙的重生》
作者：肖琳
指导教师：赵建波

右下
作品名称：《万树流光影——基于光线研究的园林办公空间设计》
作者：兰帅
指导教师：赵建波

图6　天津大学"古典园林之现代演绎"课题设计作业

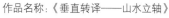

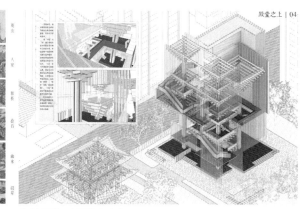

作品名称：《垂直转译——山水立轴》
作者：郑祺
指导教师：辛善超

作品名称：《殿堂之上》
作者：温温
指导教师：辛善超

图7　天津大学"在传统和当代之间"课题设计作业

在于探索传统文化的现代重构并将之作为建筑设计与理论研究的重要课题。在教学探讨中，教学组形成这样一种共识：古典园林之现代演绎，是对传统建筑文化之现代化的设计尝试——在传统艺术与文化的框架中，挖掘传统建筑文化的潜在特性，尝试找出继承文脉的理念思路，实现空间、材料、色彩、工艺等方面的现代解读。课程旨在探讨两个基本问题：对传统空间精神的现代延续、对古典园林构成的现代解读，试图在两者基础之上，实现现代办公空间的人性关怀。在课程目标设置上，首先认识并实践由设计意念向空间转化的设计过程，其次掌握设计研究的基本操作方法。

在今年三年级专题设计中，辛善超与张睿以"在传统和当代之间"作为主题，设置课题"垂直聚落·古文化街游客观展中心"（图7）。在设计任务书中指出：建筑作为人类文明的载体，其中蕴含的哲学观、文化观是推动人类进步的基石。如果深度挖掘历史时期中反映不同文化体系的建筑文本，背后均呈现出建筑文化与语言传承的关联性与连续性。课程设置试图以当代的视角审视中国传统营建体系，以斗栱、木构架、合院等为研究对象，从其内在特征、组织逻辑，以及空间与形式生成策略出发，探讨其当代重构的可能性，并求解扎根于中国传统营建体系的当代建筑形式生成模式；力图引导学生在空间操作、形式生成的同时，寻求富有生命力并承继中国传统文化基因的场所与空间。

为进一步加强设计课与历史课教学的融通，近几年来，天津大学对既有课程结构进行了调整。建筑历史所与建筑系专门设置了"中华语境下的当代营造意匠导论（上、下）"，是建筑设计教学观念的理论启蒙课程。课程由校内外高水平专家组成，通过传统与当代中国本土建筑理论的阐释与实践案例分享，介绍中华语境下的当代建筑设计的理论、方法与实践，引导学生理解从中国古代绘画、园林、宫殿、陵寝、坛庙、民居等类型出发的设计传承与转译前沿成果和设计要点。授课内容涵盖历史篇：传统设计理论与方法、古代哲学与美学、设计史、营造特征等理论性讲座；设计篇：本土当代设计理论与实践、中国画论、古典园林、宗教空间的转译等实践性内容。在对应的课程安排上，二、三年级设置一系列专题设计，四年级教学则强化设计研究。结合学院在研的国家自然科学基金重点项目《基于中华语境"建筑—人—环境"融贯机制的当代营建体系重构研究》与国家社科基金重大项目《中国文化基因的传承与当代表达研究》，建筑系与历史所两个团队成员共同组建教学组，将科研成果投射到教学内容中，运用至高年级设计教学乃至五年级毕业设计指导过程中。无论是一直长期坚持的测绘认知实习、近年的专题课程设计教学实践，还是新设的"导论"课程，天津大学建筑设计教学团队正在尝试系统构建基于中华语境的设计课教学体系建设。

在寻找自身定位的同时，探讨未来中国建筑教育发展之方向以及具体的路径。

5 结语

在对设计课教学的溯源与反思中，试图从基因传承层面进行教学体系重构，并对中国历年来的设计与历史融通的实验教学案例进行解读，为基于中国语境的设计教学奠定了基础。然而与欧美、日本等国家的相对成熟的教学体系相比，仍存在较大差距，还需要大量的基础研究工作进行铺垫，这涉及教学模式本身的完善与优化，以及长期的教学实践经验积累以及本土的建筑实践对教育的反馈。本文的意图，一方面试图唤醒正在从事中国建筑教育的教学主体意识的觉醒；另一方面，作为未来建筑人才培养的重要基地，大学对重塑价值体系具有历史的责任和义务。剖析中国现有教学现状，求解原有体系中的无根性难题，建立一个具有中国本土文化情怀、符合现代大学建筑学教育规律的新教学体系，使传统营建智慧与现代知识体系对话，培养学生承古构新的视野，推动建筑学专业人才培养方式向更高层级递进。对现有系统的检视提醒建筑学教育究竟为谁而设、为何而设以及当代时空下建筑教育的本质和意义，将会明晰未来中国建筑教育的发展方向，为当代中国培养具有本土情怀和未来竞争力的行业精英奠定基石。

图片来源：
图1：作者自绘
图2：作者改绘，参考：奥山信一. 日本东工大建筑学设计教育体系［J］. 平辉，译. 建筑学报，2015（10）：6-11.
图3：天津大学建筑学院建筑历史与理论研究所. 天津大学古建筑测绘历程/天津大学社会科学文库［M］. 天津：天津大学出版社，2017.
图4：南京大学"十二楼"课题设计作业，引自南京大学建筑与城市规划学院官网
图5：天津大学建筑学院王迪老师提供
图6：天津大学建筑学院赵建波老师提供
图7：天津大学建筑学院辛善超老师提供

参考文献：
［1］赵汀阳. 我们为何走不出西方框架［J］. 国学，2016（3）：46-49.
［2］陈瑾羲，刘泽洋. 国外建筑院校本科教学重点探析——以苏高工、巴特莱特、康奈尔等6所院校为例［J］. 建筑学报，2017（6）：94-100.
［3］吴佳维，李博，程博. 从直觉到自觉——关于苏黎世瑞士联邦理工学院建筑构造教学的一次对谈［J］. 城市建筑，2016（10）：34-40.
［4］曾引. 从哈佛包豪斯到德州骑警——柯林·罗的遗产（一）［J］. 建筑师，

2015（4）：36-47.

［5］康健，刘松茯. 建筑教育：英国谢菲尔德大学建筑学院教学体系［M］. 北京：中国建筑工业出版社，2007.

［6］钱锋. 现代建筑教育在中国（1920s-1980s）［D］. 上海：同济大学，2005.

［7］奥山信一. 日本东工大建筑学设计教育体系［J］. 平辉，译. 建筑学报，2015（10）：6-11.

［8］柳肃，余燚. 历史与现实的交错——关于建筑历史学科本科教学的几点思考［J］. 当代建筑教育，2019（1）：48-52.

［9］孟建，胡学峰. 数字人文研究［M］. 上海：复旦大学出版社，2020：13.

［10］陆邵明. 当代建筑叙事学的本体建构——叙事视野下的空间特征、方法及其对创新教育的启示［J］. 建筑学报，2010（4）：1-7.

［11］杨菁，李江. 地域性建筑测绘中的教学探索——以天津大学河西走廊古建筑测绘为例［J］. 高等建筑教育，2014（3）：58-61.

［12］丁沃沃. 环境·空间·建构——二年级建筑设计入门教程研究［J］. 建筑师，1999（9）：84-88.

［13］朱雷. 从"方盒子"到"院宅"——建筑空间设计基础教案研究［J］. 新建筑，2013（1）：13-18.

［14］朱雷. 院宅设计——基于现实感知的建筑空间入门教案研究［J］. 建筑学报，2019（4）：106-109.

［15］陈薇. 意向设计：历史作为一种思维模式［J］. 新建筑，1999（2）：60-63.

［16］周凌，丁沃沃. 南大建筑教育论稿［M］. 南京：南京大学出版社，2020.

［17］诺伯舒兹. 场所精神：迈向建筑现象学［M］. 施植明，译. 武汉：华中科技大学出版社，2017.

［18］《中国建筑教育》·清润奖·2014大学生论文竞赛题目［J］. 建筑师，2014（3）：122.

［19］王澍. 将实验进行到底写在"不断实验——中国美术学院建筑艺术学院实验教学展"之前［J］. 时代建筑，2017（3）：17-23.

［20］许江. 国美之路大典建筑艺术卷·本土营造不断实验［M］. 杭州：中国美术学院出版社，2018.

［21］王欣. 如画观法研究课程作品七则［J］. 建筑学报，2014（6）：20-23.

近现代中国建筑教育长期移植西方范式，导致传统基因系统性缺失、理论与实践脱节等问题，引发了关于当代建筑教育的批判性反思。天津大学建筑学院，基于建筑教育规律，提出了厚植中华文化核心价值观的教育理念，构建了以融通历史、设计与建造的教学体系为载体、以新工科创新实践平台为支撑的建筑学卓越人才培养模式。面向未来，开设了基于可持续发展理念的设计课教学专题。经过十年的探索与实践，构建了具有挑战性的建筑教育本土新范式。

建筑教育的意义
——建筑学人才培养模式

与承继千年的营造历史相比，近现代中国建筑教育发展历程只有短短百年。其间，教育主体不断移植西方模式，并试图使之落地生根，然而收效甚微。究其原因，建筑学知识体系在引入与深化西方模式的过程中，忽视了中国传统营建文化的核心内涵。纵使曾经多次开展关于"继承"与"创新"的讨论，但并未真正出现过具有文化自主性的建筑理论与方法，亦未构建出相对独立的本土教育模式。为何而教、为谁而教、源自何处、走向何方，是关于建筑教育的持续追问，亦是人才培养的价值体现。

1 躬耕传统的培养模式

近现代"布扎"与"包豪斯"教学体系的深度引入，导致基于中华传统营建理论、方法与技术的教学实践走向式微。然而"学习西方建筑理论的根本意图，即以西方经验关注自身发展。"[1]当代全球化浪潮对地域文化的冲击不断侵蚀本土价值体系，传统基因缺失与文化自信不足使得当下人才培养模式内生动力不足，近年来，探寻营建文化传承的教育模式已然成为某种共识（图1）。当代中国建筑历史、理论与设计课程教学虽竞相发展却又相对独立，建筑学科边界相对封闭，批判地反思固有学科观念，破解壁垒已势在必行。对于与实践密切相关的建筑学科，教育资源单一、实践类型与产业前沿需求对接不足、反馈机制欠缺，必然引发纸上谈兵而难以厚积薄发之虞。故构建全方位深度整合的实践平台亦已成为教学改革的重要依托。

何种土壤、理念与机制能够催生具有本土特色的中国模式？带着一系列追问与思辨，天津大学建筑学院作为中国建筑教育界为数不多且持续关注传统营建文化研究的重要阵地，自1937年以来，长期致力于探究中华传统营建历史研究与建筑教育。2012年学院一批学术与教学骨干针对上述一系列问题，开启教学改革之路。以"具备文化内生力、实践创新力、国际竞争力的行业领军人才"为培养目标，深入挖掘本土文化核心内涵，提出了厚植中华文化核心价值观的教育理念，构建了以融通历史、设计与建造的教学体系为载体，以新工科创新实践平台为支撑的建筑学卓越人才培养模式（图2）。系统制定与实施因材施教、产学研互动、开拓学生国际视野的培养方案，精心营造浓郁的人才培养氛围。

本土传统

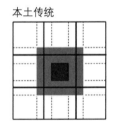

营建观念与方法

西方现代

建筑理论与方法

系统建构

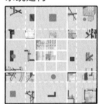

观念·理论·方法 范式重构　图1　不同时期建筑教育图式

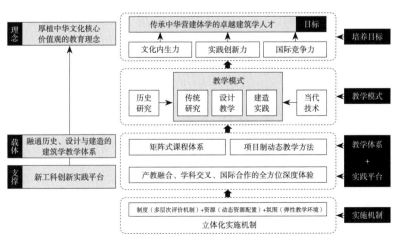

图2　传承中华营建体系的建筑学
卓越人才培养模式

2 能力导向的研教过程

如果借用笛卡尔坐标系x、y、z的三轴来描述三种能力的对应关系（图3）。x、y则分别对应国际竞争力与实践创新力，且随着社会的发展、科学技术的进步、学术思潮的变更不断发生变化，具有与时俱进的共时性特征。z则代表文化内生力，具有强烈的纵深性与根属性，根植于中华文化土壤之中，决定着内在的文化属性，是创新力与竞争力的源泉。三种能力共同构筑起培育对象的综合能力，是人才成长与未来发展潜力的立体构架。基于此，教学主体采用何种方式与路径、建立何种平台、创造何种培养氛围推进人才启智工程，成为教学改革成功与否的关键。因此，应以人才培养为目标，构建三种能力的培养机制，进而推动中国建筑教育向更高层级递进。

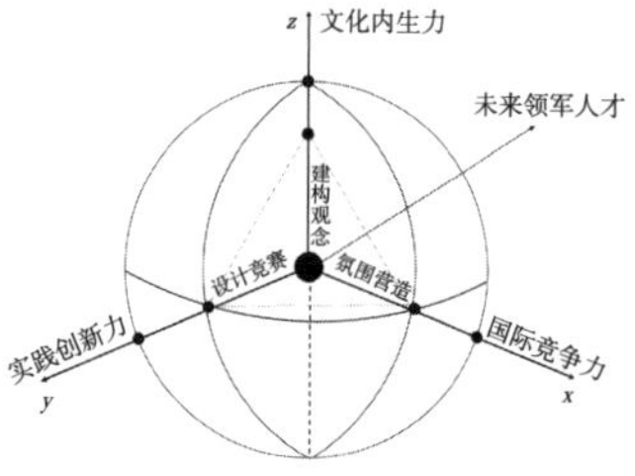

图3 基于能力导向的人才培养模式

图4 融通"本土文化、设计方法和建造实践"的建筑教育理念

2.1 明"理"建"观"，植入文化内生力

主体价值观的差异决定教学行为导向，重新审视基于现代科学与技术而生成的现代建筑知识与教学范式并非对西方教育模式的全盘否定，而是重申中国传统营建知识体系的根属性与不可代替性[2]。因此，学院建构了以"中华整体环境观"为指导的教育理念。将传统"人文观、空间观、营建观"有机融入既有教学体系，明确人才培养目标导向。实施过程中，以文化为引领、设计为主体、技术为支撑，从空间秩序的凝练、审美意象的提取，到技术理性的挖掘，唤醒蛰伏已久的传统观念。进而，以转译与重构、协同与耦合为主要方法，解决教学实践中建筑历史与建造技术课程仅作为知识性传授、与设计课教学相脱节的关键难题，建立"传统研究+设计教学+建造实践"的基本架构，实现了由外来影响向本土意识的观念转变与方法转型（图4）。

2.2 合纵连横，提升实践创新力

建筑设计课作为人才培养的主干贯穿教学全过程，是培养学生空间想象力与创新能力的关键。首先，制定矩阵式课程体系。以"认知—融通—创新"为教学主线，打破主干课程与相关课程之间长期存在的无形壁垒，实现历史、设计、建造课程知识构架横向贯通，构建系统开放、逐级递进的课程矩阵（图5）。初阶与中阶设置"建筑文化概论""新工科大类通识""古建筑测绘""传统空间当代转译""联合设计工作坊"等课程；高阶设置"城市设计""遗产保护""绿色建筑""数字化建造"等专题，根据学习兴趣，培养学生开放性知识构架。其次，启用项目制动态教学，结合不同专题知识构成，重组"历史+设计+建造"教学团队，主干课聚焦本土专题，灵活匹配历史与建造课程模块，教学内容实时更新，以解决传统营

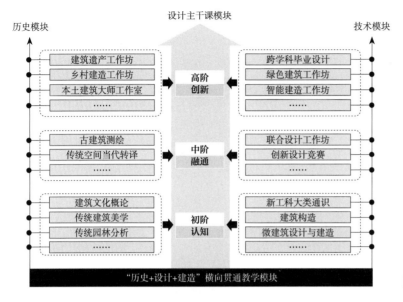

图5 矩阵式课程体系

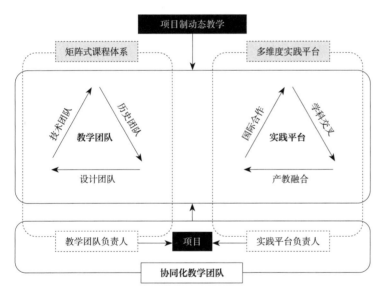

图6 项目制动态教学与立体化实施机制

建理论与当代设计方法、前沿技术相脱节之难题，形成"设计—历史—技术"知识集聚效应。激发学生研究探索、持续学习与知识更新的能力，确保学生毕业后在实践过程中知识不断自觉更新与自主研学能力（图6）。

2.3 编织网络，打造国际竞争力

对于建筑教学方式而言，坐而论道往往事倍功半，以"在地实践"促进理论学习，方为知识融通的有效途径。首先，破除教学资源碎片化现象，强调多维度实践教学；建立产教融合、学科交叉、国际合作的研学平台，编织"项目—专家—知识"网络；以高水平实践项目为牵引，聘请跨行业专家参与设计教学、生产实习与建筑实践；整合历史遗产基地、省部级重点实验室等项目资源，汇聚国际国内知名学者、设计大师等专家资源；融合相关学科先进的科研成果使之与智能建造、新型材料等应用知识资源于一体。其次，注重体验式学习过程，通过设计与建造一体化教学，营造自发性、浸润式的教学生态环境；依托各种类型的国际建造节、R-CELLS太阳能住宅、夏木塘儿童主题餐厅等国际联合教学与建造项目，构建全过程、多场景实践平台，以激发学生的国际化合作意识与综合竞争能力。

3 面向可持续未来的教学专题

建筑是场所在地性、文化传承性、时空连续性的重要载体，建筑学作为一门学科有其深刻的内涵，随着时代的变迁与知识的不断演进迭代，其边界亦不断地拓展。一方面，与历史文化相脱节的教学方式步履维艰；另一方面，面向未来的建筑教育必须经得起时间的考验。学院在十年前对设计课专题进行了进一步梳理与深化，开设了基于可持续建筑发展理念的纵向班设计专题——以"设计结合自然、追求社会公平"为导向，激发学生的批判性思维与多元化发展。教学方案从本科一年级至研究生二年级纵向展开[3]，设置系列设计工作坊，贯穿从概念设计、方案设计、地域文化响应、技术解决方案至现场建造全过程。该专题作为教学实验，采取导师与学生双向选择的方式构成教学团队，形成了全系开放、自由组合的教学联盟。经过长期的探索，走出了一条成功的教学之路（图7）。

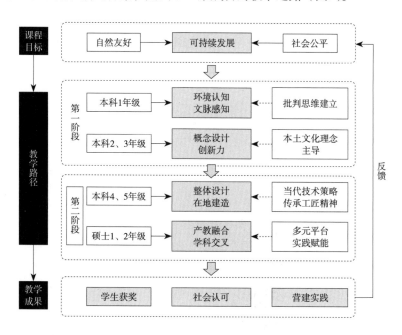

图7 纵向实验班教学路径

3.1 从认知到概念

本科低年级设计课教学始于对建筑学基本要素的认知与批判性思维的形成。通过师生研讨、案例分析、实地考察、建造体验、数字技术等教学方法，引导学生将直观的感知结果进行建筑表达，理解并掌握设计概念的产生至实施过程，培育学生热爱自然环境、追求社会进步的自觉意识，启发其对既有现状的质疑与批判性反思。

一年级课程以自然与社会环境认知、材料与构造实验为基础，关注场所精神与历史文脉。在设计初步"废材再利用"课题中（图8），学生们选用环保材料，如木材、砖块、竹子，甚至废弃的CD、瓶子、自行车轮等，搭建出具有人性化尺度与精致细节的建筑装置。在"独乐寺大门"设计课题中（图9），现场考察具有千年历史的蓟县独乐寺，启发学生寻求某种"非破坏性"方法，采用卡纸板1:1尺度进行大门设计与建造。卡纸板作为轻质材料易于操作且可重复使用，使学生切身体验实施目标的具体方法与手段。同时，"门庭"亦可理解为联结过去与未来的时空纽带，在感知历史厚重感的同时憧憬未来。材料的选择与场景的设定使学生以手脑并用的方式认知自然、历史与社会，并形成关于构建可持续未来的基本概念。

二年级课程激发学生空间想象力与概念创新，注重本土文化理念主导下的设计过程推演，通过空间操作与形式推敲体现建筑与自然的有机结合。着力培养概念创新思维及对于现实社会现象的观察力，加强研究和探索性训练[4]，提出创新性的解决方案；引导学生从使用者向设计者视角转换的自觉与能力，培养其建筑设计

图8 "废材再利用"课程设计成果

图9 "独乐寺大门"设计课题设计成果

的空间操作能力[5]。鼓励学生利用假期参加不同类型的大学生设计竞赛，验证其学习感悟力与创新力。在威卢克斯（International VELUX Award 2018 for students of architecture）"光之探索"（Daylight Investigations）国际学生竞赛中，方案《向着光》聚焦中国中西部贫困地区"放学路"无灯可用、行路不便的现象，通过易取、低价的萤石，白天储存能量，夜间散发光亮，为放学回家的学生铺设了一条安全、有趣的光带。该方案获得国际评委的高度评价并折桂亚洲大洋洲赛区第一名（图10）。

三年级课程则强化竞争意识、激发创新活力、培育团队精神。运用典型案例解析，强化设计结合自然、人文关怀与社会公平的设计理念。每年夏天选取不同地区让学生参与建造夏令营。理论的熏陶、案例的精读、实践的体验铸就了优秀的设计成果。设计作品《花枝弥漫》以"乡村讲堂"为主线，提出将自然教育作为第四产业，从而振兴乡村教育，激活乡村经济、传承乡土文化、保护自然环境。为加强新型乡村讲堂的场所感，方案依据当地文化与资源条件，构建了10种特色课程模块，并进行量化评估。新型课程与讲堂

图10 威卢克斯（International VELUX Award 2018 for students of architecture）获奖作品《向着光》

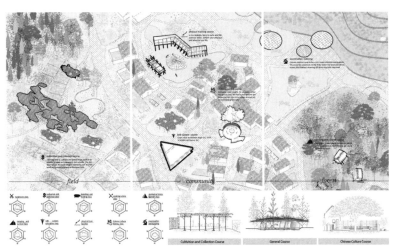

图11 2021年霍普杯国际大学生建筑设计竞赛第一名作品《花枝弥漫》

空间以平和的姿态迎接乡村留守儿童与城市来访儿童，通过不同的课堂促进了城乡儿童的学习与生活互动。该作品获得了2021年霍普杯国际大学生建筑设计竞赛第一名（图11）。

3.2 从整体设计到在地实践

如果说一至三年级属于该专题的初阶课程，那本科四、五年级与研究生设计课程则是中、高阶培养过程，通过多元化设计理论探讨、复杂技术策略与在地建造实践的引入，提升学生的整体设计能力，以及理论与实践相结合的综合素养，为未来职业实践与学术研究奠定基础。

四年级课程通过不同方向的专题设置，如建筑组群、绿色建筑、遗产保护等，强化设计效能，注重集成研讨、协同设计与技术策略。在中美联合工作坊中，聚焦仿生建筑教学专题，学生作品《行走在消逝中》（*Walking in the Lost*）选取了中国西部沙漠遗址，进行考古站和旅游中心的课题研究与设计。首先分析了沙漠植物五十铃玉（*Fenestraria aurantiaca*）调节温度与光照现象，然后研究光线在沙质植物中传递的作用机理，使其免受干旱环境影响。通过一系列概念、图解与技术方案生成建筑形式。在其平面、剖面及内部空间组织中均反映出建筑中内含的生物学原理。巧妙的构思、跨学科求解，使该方案获2013年霍普杯大学生竞赛三等奖（图12）。

五年级设计专题作为本科学习的最后阶段，其课程内容紧跟学科前沿、结合社会热点问题，借助学院集成平台与合作网络，为学

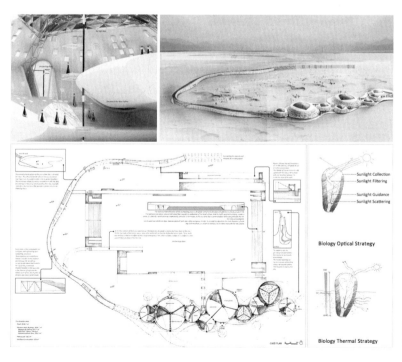

图12 仿生建筑教学专题作业
（2013霍普杯国际大学生建筑设计竞赛三等奖作品《行走在消逝中》）

生提供真实的建造场景，使学生充分体验跨学科合作与现场建造的内涵。2018年设置的联合设计工作坊"夏木塘之舞"，旨在设计一个毗邻儿童餐厅的景观项目。在古老树木下的极具当地人文特色的舞蹈仪式与活动，启发学生观察特定场所中不同人群行为方式以及关于社会公平的思考。在建造过程中融合当地竹材、构法、形式美学与空间愿景的景观装置由师生共同搭建而成。次年，儿童餐厅"墙"（The Wall）与奥斯陆建筑设计学院师生共同合作设计与建造，同样落成于夏木塘村。急速的城市化进程催离了村中大部分适龄劳动人口，留下孤独的儿童和老人。该项目希冀提供一处能够融入乡村景观的公共空间，以当地儿童与游客为目标人群，为夏木塘的乡村振兴提供天大方案。联合设计采用易于建造的材料、营造方法与技术，由师生与村民共同搭建。其以面向农田景观的平行"墙"为主要构架，采用空心砖砌筑，内部为钢筋混凝土，屋顶结构形式由木材"交叉"搭接，支撑着中央"天沟"与双层半透明天窗。建成餐厅受到当地居民的青睐与媒体的广泛报道（图13）。

研究生设计专题作为该教学实验的高阶课程，则更能凸显产教融合、学科交叉、国际合作的教学特征。教学宗旨以理论思考、设计研究为主线，强调设计与建造的实验性与开创性，以及理论构建、实践检验的交替验证。从而使学生真正掌握可持续发展的核心内涵并成为其一生的信仰。以"R-CELLS：一生的健康生态住居"——可持续太阳能住宅原型项目为例，该建筑于2021年9月在张家口市德胜村竣工。项目由天津大学联队——一个多学科、多专业工种的校企合作团队——共同设计与建造，由学院牵头，研究生和高年级本科生共同参与。R-CELLS借鉴生物细胞自组织、自适应、自循环，以及多样复制的特征，形成一个与自然和社会环境相适应的生命系统。项目采用预制木结构模块、创新的太阳能建筑一体化技术、通用设计、亲近自然的景观与人工智能控制系统，作为新的住居原型可在华北地区中低密度城市和乡村地区推广（图14）。

为了叙述的便捷，该纵向专题教学实验分别以低阶、中阶与高阶进行分析，并以学生竞赛成果进行佐证。事实上，作为实验性设计教学团队，十年来在遵循学院整体培养模式的前提下，在专题培养目标、方案制定与实施过程中，不断地进行研讨、辩论、调整与优化。作为实验性教学，不断地试错与创新、总结与升华成为该专题小组的工作常态。十年的耕耘，该教学模式获得今年国际建协颁发的"2023建筑教育创新奖"中全球五项大奖之一"亚洲地区荣誉奖"。评语为"以科学研究为基础，国际视野与跨学科方法将其影响推广至全球范围，课题组织架构与学科视野均令人印象深刻。"

夏木塘之舞

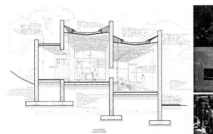

夏木塘儿童餐厅　图13　夏木塘联合设计工作坊

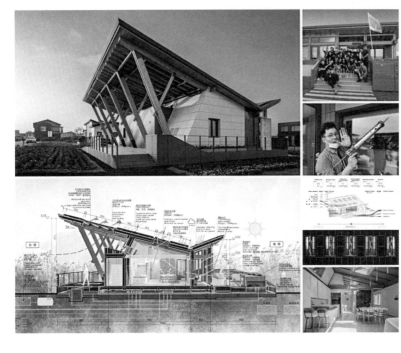

图14　R-CELLS：一生的健康生态住居

4　结语

　　无论是代代相传的古建测绘认知实习、近年的可持续建筑专题，还是矩阵式课程体系与项目制动态教学，天津大学建筑学院在持续构建基于中华传统营建智慧的卓越人才培养模式。在确立自身定位的同时，探讨未来中国建筑教育发展方向以及具体路径。本土"建筑观"与"方法论"的缺失使得当代中国建筑教育易于成为无本之木。面向文化复兴的国家战略与未来趋势，建筑教育正步入深度转型期。新兴科技的涌现、多元学科的交叉在为建筑教育带来全新契机的同时，亦会干扰教学主体关于建筑教学核心要义的思考与明晰。与古为新是教育能够历久弥新的根本动力，而培养未来人才则是大学教育的根本任务。不断追求建筑教育的最高境界是天津大学建筑学人的共同追求。培养具有国际视野、家国情怀的优秀人才，使之助力文化复兴大业。

特别感谢：

文章中的培养理念、模式与具体措施是天大建筑学科骨干团队的集体奉献。感谢许蓁、张昕楠、杨崴、张睿、杨菁、杨鸿玮、闫凤英、曾鹏、曹鹏、王鹤、宋祎琳、吴葱、辛善超、胡莲等一批教师为2023年教学成果奖的获取做出的辛勤劳动；感谢杨崴、张昕楠、辛善超、宋祎琳、杨鸿玮、郭梦笛、张艺凡等为UIA教育创新奖的获取做出的贡献；感谢许蓁老师为文中教学图解的精心构思与设计、建筑学院一大批教师为指导学生竞赛做出了卓越贡献。

图片来源：

图8~图14：天津大学建筑学院高等教育（本科）国家级教学成果奖获奖团队提供。其余图片均为自绘或自摄。

参考文献：

［1］罗小未．卢永毅．建筑理论的多维视野［M］．北京：中国建筑工业出版社，2009：序．

［2］孔宇航，陈扬．本土历史语境下的建筑设计教学探索［J］．中国建筑教育，2021（1）：5-12.

［3］张颀，许蓁，邹颖，等．变与不变、共识与差异——面向未来的建筑教育［J］．时代建筑，2017（3）：72-73.

［4］丁沃沃．过渡与转换——对转型期建筑教育知识体系的思考［J］．建筑学报，2015（5）：1-4.

［5］张昕楠，张秋驰，朱蕾．有"我"的职业建筑师设计启蒙——天津大学二年级建筑设计教学改革与实践［J］．中国建筑教育，2021（1）：20-27.

后 记

"转译"的内驱力与价值
——建筑设计中"转译"的方法及应用场景

当下中国建筑及城市公共空间设计原创性不足，难以形成高品质的空间体验。问题不仅在于空间操作和形式层面，亦在于概念和策略层面。"转译"的潜力在于应对当下需求，衔接跨话语体系的诸多领域。"转译"作为一种设计方法由来已久，其核心目标是促成信息有效传递和交换。20世纪80年代中期以来，借助后结构主义理论对翻译学的解释，"转译"（translation）介入设计领域[1]。一方面在社会需求下作为建筑意义的解释性载体，建立历史、文化与建筑领域之间的关联，反思、重构建筑活动途径；另一方面探寻跨符号媒介（intermedial translations）表达的可能性，基于翻译领域强调转移或跨界的方法，将转译视为一种启发性手段与方法。

1 设计的语言学特征

1.1 "trans"的双重内涵

设计构思过程具有语言学特征，一般而言设计者习惯于运用构成设计语言的最小单位"语素"展开设计；若干"语素"组成的"语句"；而设计原则，是构建设计语言系统的起点，可以理解为设计语言中的"句法"，用于传达设计理念。翻译（translation）理论在非文本语言体系中的使用源于对语言学认知的边界拓展。沃尔特·本杰明（Walter Benjamin）在《译者的任务》（*The Task of the Translator*，1932年）中强调翻译是一种反对编纂、模仿、衍生和停滞的写作方式，翻译并不为原文服务，而是释放潜力，肯定了翻译活动的创造能力。罗曼·雅各布森（Roman Jakobson）的《论翻译中的语言学问题》（*On Linguistic Aspects of Translation*，1959年）提出翻译理论的三种模式，将翻译理论拓展到非语言符号系统间[2]。随着语言间、符号间、文化间对翻译理解方式的演变，该概念在建筑研究中变得越来越重要，作为创造性活动，强调意义在不同媒介中的传达，在转译中缔造新的主体性。罗宾·埃文斯（Robin Evans）在《从绘画到建筑的翻译》（1986年）中使用"翻译媒介"（translatory medium）来描述绘画与建筑存在意义转变的可能性；2014年威尼斯建筑双年展上的会议"翻译中的建筑：社会与城市空间的调解"（Architecture in Translation：The Mediation of Social and Urban Spaces），重点讨论了翻译理论推动建筑思维发展的途径，表明两个领域交叉的潜能。阿拉蒂·卡内卡尔（Aarati Kanekar）在《建筑的借口——空间的翻译》（Architecture's Pretexts-Spaces of Translation，2015年）剖析了诗歌、绘画、音乐等艺术形式与建筑间的双向关联，翻译理论则起到了一种转换的作用[3]。

由此可概括"trans"在设计中的两种表达方式：一方面关乎创造性描述，作为一种辅助设计的手段和工具，转译驱动了创新性成果的产生；另一方面关乎过程性拆解，设计过程被视为一种意义不断抽象和再解释的流程。翻译以有用的框架理解建筑设计，经历了转变而形成新的物质空间环境[4]，为跨越性（trans）语言表达提供合理的解释。

1.2 设计的语言学类比

尽管"转译"作为关键词出现在不同建筑议题的讨论中，与现象学、场所理论、叙事学等产生关联，然其在建筑话语体系中的概念仍未被明确界定，国内对类似话题的讨论可追溯到梁思成的建筑可译论，即在厘清建筑系统内在规律时，其组成要素可相互置换，而可译论从某些层面上忽视了跨文化语境下句法的不适应性，存在一定程度的争议[5]。其后，"转译"这一概念在设计中经常被提及，但其内涵和外延一直缺乏明确界定。如果说内涵是语言学翻译理论所引发的一种转换作用，那么其外延仍然延续了翻译理论的逻辑基础——"转译"更关注跨领域转变和信息交流的过程，参照对象（A）与转译结果（B）间存在差异，隐含着不同表意系统间意义的传递（含表达）这一共识性线索。转译不单指包含A–B的线性过程，同时包含知识边界消解，建立网状关联的过程。

1.3 创新性与价值需求

1.3.1 领域拓展

近年来，学科边界拓展和跨领域合作的趋势明显。学科/专业之间交叉融合、在扩展、分化、融合进程中模糊了边界。思维训练方面，发散性思维成为创新性设计的源泉，相关认知及能力提升，要求新框架的引入[6]。"扩展—分化—融合"既是基本规律，又是建筑转译设计的流程，包含三个依次递进又相互独立的层次。第一层以设计学科自身领域为生发源点，形成明确的研究方向；第二层为合作设计（co-design）；第三层为跨学科协同设计（interdisciplinary collaboration design），如建筑与信息科技、生态技术融合成为智能建筑、生态建筑等。设计在此间起到整合、定型、联通、实现的作用，即"大设计"观念，如同彭妮·斯帕克（Penny Sparke）在《设计天才》（*The Genius of Design*）书中写道："设计行为发生在一个综合的大背景下，其中，包括经济、政治、技术、文化、社会、心理、伦理及全球生态系统等在内的各种其他力量，它们与设计一起塑造了现代生活"。转译作为一种方法，致力于探讨如何以新的方式组织时空，其核心内涵是如何针对时代需求构建可持续人居环境并对人类社会产生重要影响。

1.3.2　创新启发

"转译"作为方法已经发展成为异质的、跨话语的事件发生的推手。设计强调创新性，关注两个问题：其一是经验来自于哪里；其二是主动融入新知识和新能力的方法是什么。未来建筑设计将会涉及虚拟空间和相应的体验性要求，空间创作将基于知识融合——传统营建信息挖掘、智能及智慧算法应用、环境条件深度分析带来新的可能性，"转译"可以将其体系化，并从创新性的不同层面进行讨论，其中包括："原创性（对基础知识的贡献）""创造性（对学科发展的贡献）""革新性（应用带来的实际价值）"。2005年丹尼尔·平克（Daniel H. Pink）在《全新思维》里指出"21世纪已然超出高技术（high tech）的时代，成为高概念（high concept）和高触感（high touch）的时代，将之前认为不相关的想法联结起来，以创造新的价值能力称之为高概念（high concept），代表这个时代的标准。"从而在建筑学或者空间设计领域破除单一输出模式。

2　转译类别及应用场景

建筑学科的发展是普适性知识体系与特定场地条件整合的结果。传统语境下的设计与营造活动即"营建"，涵盖了空间与形式（建筑）、行为与感知（人）、自然与社会（环境）三组关系。一方面获取关键信息，分析提炼，将基于不同数据源获取的知识进行融合，拓展设计语言；另一方面整合人的行为与空间叙事，以适配此时此地的生活模式和文化认知。转译的原始素材遴选及转译的结果，会向公众暗示所处时代和地域的主要特征。"转译"在于重构人类身之所容的物质空间，映射出被重构的当下生活。[7]

2.1　形式变体

"转译"作为一种方法一直都在关注话语体系的切入点、边缘点，其目标是联通各个学科，其方法是将信息进行存储、传输和处理，用于组织时间、空间和事件。一类转译的信息源于纯形式，基于此推动媒介的变化来唤起"原型的记忆",进而以图解为主导的形式结构分析,将建筑的形态特征或空间组织关系提取成形式化、几何化的可操作原型,通过变形、拼贴等异化操作进行转译;一类是提取非物质的意象作为原型,概括并提取形式语汇,进行重组或衍生,基于功能属性、文化内涵与生活意义展开价值判断,以形成当代本土特征的设计语言。同时数字技术为传统形式的转译提供了新工具,"用代码写设计"可系统化地提炼转译对象的内在结构与构成要素,为传统形式语汇的当代转化与衍生、跨领域形式的整合与重构提供新策略。

2.2 场景呈现

"转译"方法背后具有一种重要机制,就是关注与设计本体相关的环境,可以将其理解为一种复杂的生态系统,进而挖掘看似无关而在本质上互联的事物。面对现实世界繁杂的现象,"转译"处理了艺术、科学和技术之间的映像及背后所蕴含的程序。黑川雅之将审美意识体系视为"漂浮的思想颗粒的溶胶状集合",是一个相互关联的价值体系[8]18-26。从诗、画甚至电影、戏曲中寻找与建筑具有共通感知的美学表达,此类转译为"物化"的过程,包括视景画面中的构图、界面肌理、光影色彩等;静态画面的连接则在时间维度上体现传统的审美秩序,观法与身法的转变使得绘画隐含的秩序感借助空间秩序表达,通过体验产生共鸣。除美学意识外,经验性生活方式也反映了审美经验及相应的隐性意识,通过对身体记忆的描述强化出构件尺度、材质触感、家具摆设甚至光影变化等支配空间的条件,实现意识或经验的转译,即场景呈现。在场所营造中的转译不同于形式转译,并非以形式多样性为目标,而是引导事物在身体、视线等系列线索刺激下形成的聚集差异的集合体。

2.3 特征物化

人以自身的认知创造环境,又在环境中界定其角色。在材料、技术更迭的当代,经验性知识作为转译的驱动力,隐含于建构逻辑表达和与环境协同设计中,以满足当代人居环境建设需求。地方性建造对材料、构造、结构的态度引导着设计应对实际情境,"转译"则在抽象与具体间寻找契合点,用新材料、新技术表达其中有意义的建造方式或建构形式。如中国传统造物活动形成系统化的"模件"思维,形成由简到繁的模件系统,潜藏缜密的数字、几何层级关系。将此种模件化设计思维引入当代建构表达,通过提取结构秩序的逻辑,形成相对稳定的法则,"转译"扮演着将抽象内容可视化、具体化、物质化的角色。

3 方法回应及操作过程

在方法层面,"转译"首先要对理论进行内核解析及内涵阐释,以期为一个新的研究领域及理论创新做出尝试。考察"转译"在语言学、建筑学、文学、设计学、传播学、生物学等领域的表现(表1)。"物化想法的最简单方法是将它们变成语言制品"[9]。

转译在各领域的表现 表1

学科	"转译"的基本内涵	转译主客体及媒介 (信息传递)	转译差
语言学	用一种语言去翻译另一种语言的作品	A–B–C(不同语言)	转译是主观选择与倾向判断
生物学	脱氧核糖核酸(DNA)中提取信使核糖核酸(mRNA)中的遗传信息,合成新蛋白质	遗传信息——蛋白质	DNA链条基因变化,转译的结果也会发生变化
社会学	行动者网络是一种社会学分析方式,通过"转译"整合、联结,在行动者之间建立稳定关系	行动者之间互相定义,彼此转化与被转化	特定情境下网络行动者的身份确定
计算机网络信息传播	将文字、图像、音乐转为数字信息,并以数据为基础进行转换	信源—信道—受众	通过编码建立关联,信息进入流通渠道,传播过程存在失真现象
视觉艺术	一种"跨媒介连锁"的制作方式(transmedia franchise)形成视觉映射的系统设计方法	映射源—映射法则—映射对象	存在个体差异,难以总结联觉心理中的普遍经验,聚焦认知和体验

3.1 方法来源

在建筑实践领域,转译作为一条隐形线索,在不同层面建构设计转译的媒介,具体包含语言类比、原型衍生与基因表达三类[10]。语言类比中,用语汇、句法规则比拟建筑形式,描述建筑创作中"变化"的运作机制,对建筑语言的语法、语义和语用展开讨论[11]。通过抽象转变挖掘建筑语汇的联系,实现词汇的扩充;并且提取句法结构,以映射到空间的秩序中,成为操作的规律性积累;从文本翻译和阅读感知的视角,提出转译后的语境适应性方法,解决跨文化语境下语法和句法的适配性难题。在建筑设计中,语汇和句法是设计转译的关键。原型衍生中,心理学家荣格(Carl Gustav Jung)曾经提出"集体无意识"(collective unconsciousness)的概念,指的是人类自原始社会以来世代积累的普遍性的心理经验,每一种"集体无意识"中存在着大量原型(archetype)。原型通过表象反映事物内在结构,从而使表现形式与人类心理经验产生共鸣[12]。建筑设计通过选取参照物，挖掘其内在原始意向，为转译提供空间原型，整个过程可被视为一种原型再创造。原型的把握从现象、规律、观念多层面展开，将形式承载的现象与活动融入对原型的认知中，形成跨域原型认知，以拓展设计思路。基因表达中，将文化潜在的秩序与审美经验刻入文化基因，创作以此为基础展开，并通过作品与读者产生交流[13]。该信息的交流是非连续性的，需要通过具有想象力的再创造去理解原作品。文化基因是人类文化系统的遗传密码，是游弋于意识形态和物质空间之间的活跃因子；文化基因亦可被表述，如原点、节点、支点、衍生点等。古代步移景异、动静相乘、形势相因等体验序列均可以作为传统审美观念下衍生的文化基因表达，为传统与现代的交融提供经验。

3.2 系统框架及运行机制

跨时空、跨领域的转译，各自的文化因素受到修正，并进一步促成身份认知方式的转变（from translation to translation），"转译"可使创作主体跨越既有边界，明确转译对象与转译结果的差异。为了方便追溯此端与彼端的轨迹，应建立"建筑—人—环境"整体图景（包含附着其上的文化含义）。从某种程度而言，"转译"进行的正是这样一种具有开创性的工作，它试图将具体内容进行可视化表达，并植入当代语境之中。这一系统框架包含工具、回路与网络3个层面。工具是各种意义输送和转译技术，通过解码信息搭建可交换、可交流的平台。回路是透过纷繁的中介（mediators），找寻具有价值的路径与节点，从而形成操作轨迹。网络则是建立一种关系的本体论（relational ontology），一旦转译过程开启，它随后生成的事物将借助各种中介的输送和修正，建立网络。

在具体实践中，建筑本体错综复杂的关联性知识构成基本的信息链，需要抽丝剥茧，经历层层系统化抽象，建构基础信息平台。在转译过程中，一方面需要建筑本体知识体系的建构；另一方面需要关联性认知方法进行解码，并回应建筑基础信息平台中空间（组织序列，要素构成，尺度比例，光影）、造型（几何秩序、拓扑秩序）、建构（结构逻辑、材料选择）、环境（景观布局、能量置换）等各项内容，以实现"转译"这一跨界活动。

3.3 转译设计的操作过程

第一阶段——价值判断

信息梳理与提炼，并进行解析与概念诠释。需要掌握深度知识（in-depth knowledge），运用第一原理（first principles），开展初级研究（research）。深度知识的获得，是专业内部与外部知识融通的结果；第一原理的运用，是基于理论与方法所依据的基本概念或假设，

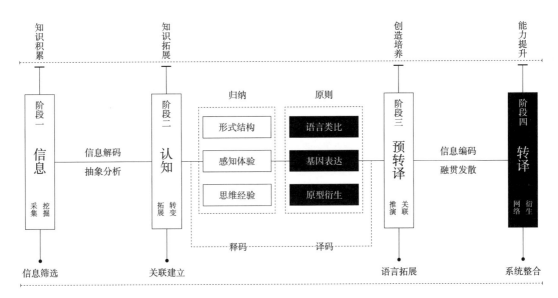

图1 转译设计的操作过程

从已建立的认知体系出发，不通过类比，不使用任何经验公式、工具，直接解决问题；初级研究需要借助调查或测试的实施，获取第一手信息，并进行数据的处理、分析。

第二阶段——知识框架

对思维模式进行当代适应性调整与迁移，针对此时此地的条件对原发概念进行领域内解释，并对相应的方法进行重新阐释，形成相应的设计策略，主要关注形式结构、感知体验、思维经验三个方面。

第三阶段——分解整合

结合相应技术方法，对设计中的相关要素进行分解与重组，通过建筑形式、空间语言表达美学信息、功能信息、感知信息，形成可供选择和推演的语汇库。

第四阶段——综合决策

该阶段是明确的翻译阶段，是从参照对象到转译结果的过程，涉及从抽象领域到物质实体的转变。转译的最终实现一方面表现在系统思维训练后得到的设计方案；一方面表现在成果的可解释、可衍生的特征。最终的形式表达并不代表转译的结束，而思考过程中网络体系的建构与表达方式的不确定性是转译可迭代可持续的体现（图1）。

4 结语

在文化交流的过程中，建筑意义的重要性凸显，这亦是近年来"转译"颇受重视的重要原因。通过对建筑领域"转译"的概念、机制的系统阐述探讨方法及应用，从建立价值关联转向转译表达层面，媒介类型从形式转向场所，更关注建筑传达的理念、审美倾向与当代社会生活的意义几个层面内容；"转译"从动词性描述逐渐向"意义关联—抽象表达—建筑化描述"过程性表达发展。在设计中同样经常使用的"转换"和"转化"更倾向于单向变化，二者的区别在于事物的本质属性是否改变；"转译"则允许双向互动。"转译"是基于语言学理论所产生的一种方法，推动信息传递方式的转变，也成为基于拓展多重信息推动建筑创新的主要渠道[14]。在存量时代，设计日趋精细化、精准化，创新难度加大，而转译作为"方法"，无形中通过物质空间的重构为建筑创作带来新范式。

参考文献：

[1] JEFFREY S. Introduction: Objects of Architectural Translation[J]. Art in Translation, 2018(10): 10-4.

[2] JAKOBSON R. On linguistic aspects of translation[M]//On translation. Cambridge, MA: Harvard University Press, 1959: 232-239.

[3] KANEKAR A. Architecture's Pretexts-Spaces of Translation[M]. London,UK: Routledge, 2015.

[4] BASELITZ G, AMBROSE K, EDWARDS E, et al. Notes from the field: appropriation: back then, in between, and today[J]. The Art Bulletin, 2012, 94(2): 166-186.

[5] 余幹寒，汤桦. 从不可译到可译：廊作为普适性建筑空间类型在汉语解释视域中的确立 [J]. 建筑学报，2019（9）：104-109.

[6] 张汉平. "大设计"现象、概念、词汇探索 [C] //同济大学，国家社科重大项目《中华工匠文化体系及其传承创新研究》课题组. 中国设计理论与国家发展战略学术研讨会——第五届中国设计理论暨第五届全国"中国工匠"培育高端论坛论文集. 重庆：西南大学美术学院，2021：9.

[7] 魏秦，王竹，徐颖. 地区建筑营建体系的"地域基因"概念的理论基础再认知 [J]. 华中建筑，2012，30（7）：8-11.

[8] 黑川雅之. 设计修辞法 [M] 石家庄：河北美术出版社，2014.

[9] CZARNIAWSKA B, JOERGES B. Travels of ideas[J]. Translating organizational change, 1996, 56: 13-47.

[10] 胡一可，曹宇超，孔宇航. "转译"视角下21世纪国内建筑设计论题研究进展——基于CITESPACE知识图谱分析 [J]. 城市环境设计，2023（2）：328-334.

[11] 杨春侠. 建筑的"可译性"及其理论启示 [J] 南方建筑，2000（3）：12-14.

[12] 郭红，莫鑫. 解读建筑原型 [J]. 新建筑，2005（1）：93.

[13] 卢鹏，周若祁，刘燕辉. 以"原型"从事"转译"——解析建筑节能技术影响建筑形态生成的机制 [J]. 建筑学报，2007（3）：72-74.

[14] 孔宇航，辛善超，张楠. 转译与重构——传统营建智慧在建筑设计中的应用 [J]. 建筑学报，2020（2）：23-29.

致 谢

本书的写作源于国家自然科学基金重点课题"基于中华语境'建筑—人—环境'融贯机制的当代营建体系重构研究"。在五年多的研究与写作过程中，3个重要的团队作出了杰出的贡献。

首先是基金团队中王其亨老师带领的历史团队为该书的成稿提供了重要的历史研究基础平台，无论是基金的立项、申请与研究过程中，与张春彦、张凤梧、杨菁老师关于该议题的研讨、考察等互动推动了研究的深度挖掘；来自东南大学的李华与沈旸老师、天津大学汪丽君老师在关于理论的探讨中拓展了写作的视野与理论的高度。

其次是天大建筑三年级教学组的同事们，许蓁、张昕楠、杨崴、张睿等一批杰出的教师在十多年的教学研讨中、设计课教学实践中，以及申报国家教学奖过程中彼此智慧的碰撞建构了关于教学实践的写作大纲。

最后是十一工作室的年轻教师与研究生们，从本议题萌芽伊始到阶段性成果的发表，再到本书的写作，均付出了巨大的努力：胡一可、辛善超、刘健琨、张楠、赵亚敏、王安琪、陈扬、曹宇超、师晓龙、张兵华、陈心怡、张薏、姜寒进行了扎实的基础性研究，参与了大量的理论思辨、形式分析、文字写作与图解绘制；在3次展览与工程设计的过程中，郭佳琦、周子涵、龙云飞、李杏、顾侯轩、黄云珊、俞文津、王蒙、王旨选、陈家炜、吴韶集、吴蔚桐、金吉祥、陈怡、周歆悦、李政、王晨蕾、张师师、唐泽羚、陈慧雯、兰迪、任睿、舒琨狄、郭喆、李凡、赵淑琪、陈欣桐、褚焱、张昊、于楠、徐广琳、赵辰辰、杨默涵、刘姝均、张晨晖等进行了大量的设计与绘图工作。

这本书的成稿是集体智慧与团队精神的结晶，其贡献渗透在字里行间，呈现在作品的图与图解之中。而在基金研究过程中，来自浙江大学的王竹、华中科技大学的李保峰、清华大学的范路3位学者对研究的构架以及具体的深化路径提供了很多启示性的建议；来自《建筑学报》的黄居正主编及其团队成员就文章的发表提供了关键指导；李华、范路老师于百忙之中为本书作序，在此深表感谢。

2023年8月，在内蒙古工业大学张鹏举老师举办的作品品谈会中遇见了中国建筑工业出版社的唐旭女士，她的鼓励与建议方使这本书成为可能。其间，杨晓编辑不厌其烦的沟通为本书的精准出版铺平了道路。

孔宇航